本成果系“本科教学质量提高教学研究项目——电影艺术专业技术课程建设与教育方法研究”成果之一

中国电影美术教育教学丛书

影视服装设计

王 展 著

CFP 中国电影出版社
2018 · 北京

北京电影学院

中国电影美术教育教学丛书

目 录

第一章 影视服装的功能与作用

影视服装是影视艺术作品中一个重要的艺术与视觉元素，其产生与发展是伴随着影视业的生发而逐步发展的。自电影产生至今，从新的艺术形式逐步发展成为产业而不断兴旺的这100多年间，影视服装从早期在电影中的无足轻重发展到现如今，可以说是举足轻重了。

影视是以视觉形象为主的艺术形式，从创作的角度来看，人物是影视创作的主体，人物在影视作品中所呈现出来的形象对于作品的成败起着至关重要的作用。一部优秀的影视作品，必然离不开优秀的人物形象设计。

影视服装作为影视人物形象的构成部分，是电影美术的一部分，也是镜头语言表达不可缺少的重要部分。影视作品中的人物形象即影视人物造型是由服装造型、化装造型和随身道具共同组成的。三者是一个整体，互为补充，密不可分。创作过程既有明显的分工，又在美术设计师的总体统筹下统合为一，为完善人物造型服务。而服装以其形式上的多样性、视觉上的丰富性及表达上的内涵性，成为影视艺术创作的重要手段，对人物角色的塑造和影片的视觉风格有着重要的作用。

第一节 基本概念

一、人物与角色

人物：这是一个多义的词汇，在文学和影视术语中的定义为：小说或戏剧中被描写的人。

角色：指演员扮演的剧中人物，也比喻生活中某种类型的人物和戏曲演员专业分工的类别。

二、影视人物造型

“影视人物造型”这个概念包括两个内涵：一个是完成的结果，一个是塑造的过程。

作为名词性的“人物造型”（film character modeling），是指影视作品中，人物在视觉上所呈现出来的外观总和，包括人物的样貌、状态和气氛，即人物外观的“形”+“态”。

作为动词性的“人物造型”（the modeling for a character），是指对文本中的角色进行视觉化呈现的过程。其所塑造的内容包含组成人物外观的所有内容，包括人物服装造型，即服装和服饰品，包括化装造型，即面部妆容、身体化装和发型造型；以及随身道具。

三、影视人物造型设计

影视人物造型设计（the design of film characters），是指对人物整体艺术形象进行的总体造型设计，是人物造型设计师对剧作中确定的各人物形象所做的艺术构想，并将其构想的形象通过设计图样进行绘制表现。它包括三个部分：服装造型、化装造型和随身道具。其具体内容为：依据已确定的角色的年龄、外貌、气质、民族、职业、文化程度及所处的时代等特征构思并逐一描绘出人物面容、体态、气质与毛发样式，以及服饰、冠履，以至随身物件的样式与色调。

人物总体造型设计要以规定的情境、人物个性及历史或现实生活为依据进行构想设计，既要符合人物个性特征，又要与影片特定的具体情境协调一致，与银幕空间环境的造型风格协调适应，还要考虑造型的实现是否适合电影的诸技术特性，且根据剧作的需要对人物不同时期的形貌及剧情要求的特殊效果做出详细设计呈现。造型设计图样完成后，应提供给服装、化装、道具部门，以便具体实现。

影视人物的总体造型设计主要是由电影总美术师负责组织或亲自设计，由服装设计、化装造型设计（包括妆容设计和发式设计）、随身道具设计三个方面内容组成。

四、影视服装

影视服装（film costume），也简称为戏服（costume），特指在影视剧中，演员在演出时所穿着服饰的总称，属于表演服装中的一类。其具有表演服装的特性，即：以特定的艺术形式为前提，根据演员在影片中所处的位置，扮演的角色来设计制作的服装。每一件出现在人物身上的服装都属于戏服，包括专门为人物设计制作的，也包括为人物借来的、租来的或买来的市售成品，因为这些服装都是为了特定的人物及特定的戏份而特别准备的。其内容包括：衣服、鞋帽和饰品。

影视服装包含电影服装和电视剧服装，虽然可以并称为一个总类，但是二者还是有所不同。由于呈现的媒介不同，电影服装无论是在材质还是在工艺等细节上，都比电视剧服装更为精良。特别是随着电影制作及放映技术的发展，大银幕所呈现的清晰度越来越高，服装服饰上的任何细节都会被放大到几倍甚至几十倍，任何的瑕疵也会被放大，因此要求质料和做工必须精良，不能有明显瑕疵，要经得起对细节放大若干倍的考量。对电视剧服装品质的要求虽然没有电影服装的那么高，但随着电视技术尤其是数字高清录制与播放和传输技术的发展，以及电视、电脑等接收硬件水平的不断提高，对服装的精良程度的要求也越来越高，这是电视剧服装设计必须要注意的一个问题。

五、影视服装设计

影视服装设计（ costume design ）是根据影视剧中人物的种族、年龄、身份、职业、个性和生活习俗等文本信息，针对特定的场景和特定的情节，为演员表演所需穿用的服装服饰进行设计，并用设计图将人物着装形象构思进行表现的过程。

六、影视服装设计师

影视服装设计师（costume designer）是为影视剧人物设计服装的设计师。

影视服装设计工作，与生活服装及艺术和时尚概念服装设计师有很大的不同，影视服装设计师所研究的对象是文本中的人物，其工作内容是将文本形象以服装造型的手段进行视觉化表现。由于影视艺术形式的多样性、题材内容的丰富性、导演个人艺术风格的独特性，以及剧中各式人物身份的复杂性，服装设计师面临着非常复杂的创作内容，因此对影视服装设计师的要求也就非常高。电影服装设计师要求比普通服装设计师具有更深的文学修养和人文知识，具有更强的理解与融会贯通的能力。通常来说，影视服装设计师应该具备以下几个方面的能力：

1. 良好的审美能力：审美能力是影视服装设计师的首要能力。这种审美能力包括对外在形式美和内在精神美的把握。

2. 视觉想象力：影视服装设计，就是一个将文本形象转化为视觉形象的过程，而这一过程的完成，需要设计师有着较强的视觉想象能力。

3. 历史与人文精神：影视服装设计并非只是简单的服装款式设计，影片中的每一个人物的着装都有着丰富的内涵，承载着大量的信息，包括历史、民族、时代、个人成长过程，以及个人心理体验等多方面的内容。影视服装设计师要有丰厚的文化底蕴，将人物形象背后的意蕴表现出来，而这与设计师的历史与人文精神分不开。

4. 绘画表现能力：影视服装设计是要通过绘制设计稿的形式作为最初的视觉化呈现，设计师需要用设计稿来表现服装设计的视觉效果、人物的着装气质表现及服装的整体气氛，以此作为人物形象视觉化的第一步；在中后期要依照服装设计效果图进行实物制作。因此，扎实的绘画表现能力是设计师必备的基本功。

5. 文本理解与视觉传达能力：理解人物最直接的依据是剧本。理解人物，借用英国 19 世纪演员麦克雷蒂的说法就是“去测定性格的深度，去探寻他的潜在动机，去感受他的最细致的情绪变化，去了解隐藏在字面下的思想，从而把握住一个具有个性的人的内心的真髓”。对文本理解的能力，直接关系到人物形象的设计创作表达的准确度和深度。

6. 严谨的创作态度：创作过程中的每一个细节都是不容忽视的，常常一个细节对于表现人物有着很重要的作用。无论是在设计或者是在制作过程中，一个细节的失败或者疏忽，就可能导致拍摄完成之后无法弥补的错误，因此严谨的、追求每一个细节的正确表达的创作态度是必然要求。

7. 沟通能力：影视服装设计的过程，是要不断和影视创作团队的各个部门进行多方面沟通，无论是与导演，还是与美术部门、摄影部门，以及灯光、录音等部门进行充分沟通，这样才能够较好地完成设计。

8. 团队合作意识：影视创作是一个复杂的创作过程，其中有着多方面的、多部门的共同参与，服装设计只是整体创作中的一个部分，整个的创作过程是通过创作团队紧密合作才能够完成的，因此设计师必须具有合作意识。

总的说来，影视服装设计的工作概括说来不外乎两方面，一是理解人物，一是表现人物。理解人物是表现人物的前提，表现人物是理解人物的结果。影视服装设计师工作内容虽然很多，但核心任务就是这两个：理解人物和表现人物。这是影视服装设计的出发点，也是最终的落脚点。

总之，影视服装设计师除了要有导演、编剧、摄影、表演等相关影视创作知识外，还要有对人生的独特感悟、对日常生活的细心观察力，对不同文化的审美力和对一切新事物新潮流的鉴赏力。因为只有这样，影视服装设计师才能更宏观、全面地理解所创作的影片，以便更好地完成人物形象的塑造。

七、影视服装设计工作结构组成

影视服装设计在影视创作工作中隶属于人物造型部门，是属于电影美术下的一个部门。通常来说，一个影视创作团队中的电影美术由场景设计、道具设计和人物造型设计部门组成，人物造型设计部门下属两个设计组：服装组和化装组。其工作结构关系如下图。

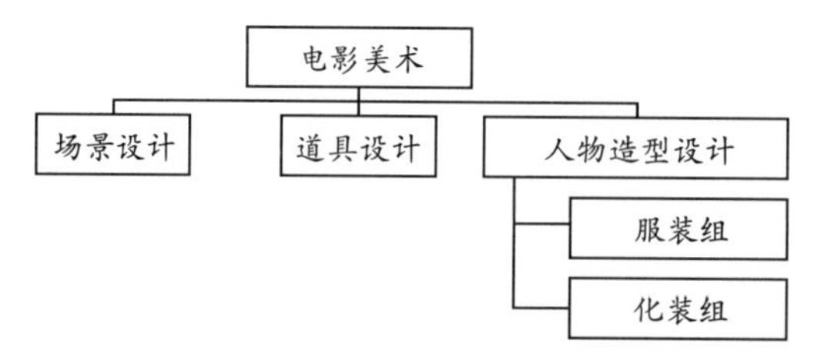

影视人物造型工作部门结构组成

当然，这是一个中等以上规模的剧组建制，是一种比较规范的结构形式。但在实际工作中，各剧组可以根据投资规模及人员配置的需要，适当地调整，建立合适的规模和建制。

第二节 人物造型的功能

影视艺术是一种复杂的艺术形式，是在导演的总构思下，由摄影、美术、人物造型、灯光、录音、后期制作等诸多艺术和技术部门共同配合工作完成的。人物造型设计由于其视觉的直观性，在以视觉为主导的影视艺术创作中占据着非常重要的分量。人物是影视艺术表现的主体，人物塑造的成败直接影响着影片的艺术水准。人物造型作为人物塑造的外化表现手段，承载着将人物内在的丰富内容通过视觉化的形象直观地表现出来，使观众能够从具体形象中建立对角色的认知。人物造型作为影视艺术创作的重要元素之一，在影片视觉的风格、故事的叙述、角色的塑造、情节的表现上起到了举足轻重的作用。

一、导演完成创作的重要工具

导演是一部影视作品创作主体，是整个创作团队的组织者和领导者，其创作过程就是把剧本文本形象转化为视觉影像的过程。导演要运用电影电视所有视听元素来表达自己的思想和艺术理念，以及审美诉求。作为创作主体，每个导演都有着不同的成长经历、不同的教育背景，处在不同的社会文化环境中，因而有着不同的知识结构和审美情趣、不同的世界观和人生观，有着不同的社会阶层意识和艺术理想。导演都会在创作中展现自己对世界、对人生的认识及对真、善、美的追求和阐释。每个导演的艺术个性、艺术准备、创作动机和创作习惯都不尽相同，因此，影视艺术作品带有明显的个人风格特征。

每一部影视剧的导演在进行创作的时候，都会给自己的作品确定属于他自己的风格。有些影视剧是现实主义的，有些是浪漫主义的；有些是喜剧性质的，有些是悲剧性质的；有些是唯美伤感的，有些是质朴深沉的，等等。不同的风格需要不同形式的视听元素进行表达，这些元素就是导演把文本形象转化为视觉形象的工具与手段。一部影片的风格，也往往体现了导演的艺术风格。

在不同风格的影视作品中，人物外观形象作为重要视觉元素是导演表达艺术风格的重要工具。人物造型以其具象化、过程化、视觉化的特性，可以直接参与视觉风格的定位、剧情的发展、人物性格的表现。通过服装、化装等形象的样式与风格，观众们可以清晰地看出或者感受到导演意图和整体风格所带来的艺术诉求。

在不同风格的影视作品中，人物的服饰装扮不是随意设计制定的，它必须根据影视剧的风格确定属于自己的风格，通过剧中人物的造型更好地体现整部剧集的风格。奇幻还是写真、表现还是再现、平实还是华丽、朴素还是盛大的，通过服装的样式与风格，观众们可以清晰地领略到导演意图和影视剧的整体风格。

如影片《坠入》（*The Fall* ，2006）影片类型：奇幻、悬疑。该片是以人脑构造的想象世界与现实世界的交织重叠来打造怪诞不羁的终极想象空间，在各方面都保持了导演大胆前卫的风格。塔西姆·辛通过影像元素让影片更加彻底地打上了他个人风格的印记。整部影片充满超现实主义绘画风格，影像鲜亮夺目，影片无论从色调、剪辑、构图、道具、服饰等各个方面都给人以极强的视觉冲击。服装设计师石冈瑛子用超现实的设计手法，运用明艳、高饱和度的色彩，怪诞、夸张的款式造型，使人物形象充满视觉张力，与影片中超现实主义风格的场景高度契合，非常准确地传达了影片的视觉风格。

《坠入》服装设计师石冈瑛子

《坠入》中传达影片超现实主义风格的服装造型

人物造型同样也是导演展现剧情的具有叙事功能的工具，在电影史上有一段蒙太奇剪辑被视为经典之作，影片《公民凯恩》（*Citizen Kane*，1941）中凯恩与妻子苏珊在早餐时对话的一段情节，影片的空间始终没有变化，但时间进程以两位主人公服饰装扮的变化以及横摇划接镜头（whip-pan）带出其间的过程，告诉观众这不是一个早晨的早餐间的事情，而是有着时间的进展的，随着时间的推进，人物之间关系发生着变化。这一组几分钟的镜头，把夫妻俩婚后八年思想隔阂的产生、发展过程表现得干净利落而又清晰明确，也为凯恩后面移情于苏姗埋下了伏笔。这种利用人物造型转换打破时间的自然流动而跳跃前进的剪辑效果成为后来电影人学习的典范。这是导演将人物造型作为叙事工具的典型案例。

《公民凯恩》中一组蒙太奇镜头

二、演员完成表演创作的手段

从影视创作角度讲，影视人物的塑造分为两个方面：一方面是人物性格塑造；另一方面则是人物的视觉形象塑造，即演员与外观装扮所形成的整体形象。人物塑造除了演员自身的能力与艺术表现力之外，准确而到位的外观造型是演员表现人物必不可少的条件。

人物造型帮助演员刻画和表现人物。创造影片中人物的鲜明形象，要依靠演员的表情、举止、表演技巧，但演员离不开服装师、化装师的帮助。通过服饰和化装求得人物外在的形似，并进而表达人物的内在属性，求得神似。由于人的穿着打扮承载着丰富的信息，包括人物所处的时代、人物的身份、心理特质、规定场景下所处的状态等，这些外部传达出来的信息能够帮助演员迅速进入规定情境，帮助演员融入角色，激发演员的表演情绪。

著名演员石挥在电影《我这一辈子》中扮演主要角色“我”，为了演好老乞丐，他专门到北京天桥体验乞丐的生活，并用新棉衣棉裤换回一个老乞丐身上穿的破烂棉袄，对成功扮演“我”这个角色起了很大作用。

《我这一辈子》中石挥扮演的老乞丐“我”

电影演员们都有这样的共识：只有在穿上特定的服装后，才能更好地投入电影的角色当中，完成从概念到情感，乃至个性化的表达与演绎。

影片《本杰明·巴顿奇事》（*The Curious Case of Benjamin Button*, 2008），该片讲述生在巴尔的摩的本杰明·巴顿的奇异一生，他出生时是老人样貌，越活越年轻，最后以婴儿的形貌，死在爱人的怀里。片中，时年44岁的布拉德·皮特出演一位年龄“负增长”的怪人本杰明·巴顿，刚出生时就一头华发、满脸皱纹，然而随着岁月的流逝，他却日益青春焕发，时光在他身上倒流了。皮特要从七十岁古稀年龄演到十七八岁的花样少年。导演大卫·芬奇不想用数名演员来拍摄，因为只要一换演员，观众之前酝酿好的情绪，例如对演员的同情、唏嘘，必然消失殆尽。所以，全片由皮特出演，不换演员，除了幼儿和少年阶段存在身高和体态的问题，形象由电脑后期合成，其他年龄段全部由人物造型特效化装手段塑造完成。演员在这种高超化装术之下甚至会误以为镜中的自己真的是已经化装后的年龄，更有利于进入角色。精准细致的人物外形塑造，外形外貌上的真实感，配合演员丝丝入扣的表演，在银幕上塑造了这样一个令人信服的“奇事”。影片的成功与高超的人物造型手段是分不开的。

《本杰明·巴顿奇事》中布拉德·皮特扮演的本杰明逆生长造型

影片中凯特·布兰切特饰演的巴顿的情人黛茜年龄跨度也是极大的，影视作品中呈现的“真实”离不开造型的逼真。外观的真实，是演员塑造角色“真实”必不可少的手段。

《本杰明·巴顿奇事》中布兰切特饰演年龄跨度极大的角色戴茜

准确的人物造型设计可以引导演员沉入所扮演的角色中，行为举止也会受到服装气氛的引导。电影《活着》中，葛优成功塑造的富贵这一形象，从穿着绸衣绸裤，吊儿郎当、自鸣得意的富家少爷，到家道中落后穿旧棉袄、戴破棉帽儿，在街头蜷缩着做小买卖的困顿的小贩，再到穿着中式对襟小褂当了自食其力的表演皮影的得意和满足的艺人，之后到被国民党军抓去，随军演皮影，穿着不合身的国民党军服的唯唯诺诺的士兵，新中国成立之后穿着中山装，戴着解放帽的中华人民共和国劳动者，直到年老丧子之后，穿着灰布棉坎肩蹲在儿子、女儿坟前和老伴闲谈的平静老人，这一系列的造型设计与演员表演共同完美演绎了这个历经苦难的人物。可以说人物造型服装给演员的表演提供了支撑，演员形体动态与每一阶段的造型很好地结合，使演员能够充分地由外至内地将人物刻画得细腻而准确。这个角色塑造得成功与服装造型的准确分不开。

《活着》中富贵的富家少爷造型

《活着》中富贵的各时期造型

一名优秀的演员在演艺生涯中要塑造很多的角色，而演员只有这一张面孔，如何让观众相信演员扮演的角色就是那个人物，忘掉演员本身这个现实的人，重要的手段就是利用服装和造型。演员张曼玉塑造过很多经典的银幕形象，这些形象各有不同，如《旺角卡门》里清纯的阿娥、《不脱袜的人》里时髦俊俏的小玉、《新龙门客栈》里风情泼辣的老板娘、《青蛇》里妩媚妖娆的小青、《清洁》里个性不羁的艾米利、《花样年华》里优雅婉约的苏丽珍、《英雄》里洒脱英武的飞雪，每一个角色都有鲜明的个性和气质，这些鲜明的个性和气质的塑造，离不开优秀的人物造型设计。

演员的人物造型设计在很大程度上决定了画面的视觉效果，它与剧情等一起构成观众与作者之间沟通的桥梁，是观众感知影视作品的第一印象和直观感受。出色的人物造型设计，亦为影视艺术增光添彩。

演员张曼玉生活照

张曼玉在影片中的各种造型

三、观众理解角色人物的渠道

影视人物造型是影视美术的一部分，也是镜头语言表达所不可缺少的重要部分。人物造型不只是给予观众丰富的视觉感受，更是观众理解角色人物，获得心理体验的重要渠道。服饰装扮的“外向性”特质使得服装承载着关于着装者的诸多信息，因此我们能够通过一个人的外形装扮，得出很多关于这个人的信息。在影视创作中，这就是无声的语言，我们利用这种无声语言有意来传达角色信息，让观众得到信息，判断及理解人物和人物背后的内容。成功的造型设计可以反映人物身份，衬托人物处境，渲染人物的心情，人物的造型随着人物命运的起伏而产生相应的变化，会让观众在不知不觉中理解人物的喜怒哀乐，投入电影语言所表达的情感氛围中去。如影片《归来》中的陆焉识，影片开头他在农场犯人转场时乘机逃脱，悄悄探望妻子冯婉瑜时穿一身棉袄棉裤，衣服破旧、肮脏不堪，多处露着棉絮，腰上绑系着麻绳当腰带，一只脏污的口罩，一副那个时代典型的知识分子戴的廉价的白塑料框近视镜，头上戴着脏旧破烂的翻耳棉帽，脖子上挎着破烂的布挎兜。这样的装束观众一看就能够感受到，在那样一个年代这个角色曾经经历了什么，不用讲述他经历的苦难，实际上导演也没有着力去交代陆焉识从服刑到逃跑这过程中发生了什么，但观众完全可以从这样的装扮上获得足够的信息，对人物的命运产生深深的同情。

《归来》中陆焉识的造型

第三节 影视服装的作用

人类生活离不开服装，服装文化是人类生活和文化的一个重要组成部分。

从原始时代起，人类就以“社会”这种结构形式生活。服装从诞生开始就具有生理保护功能和社会文化功能。关于服装的起源有不同的学说，主要有以下几种：为了人体保暖或防晒保水的“气候适应说”，为了保护身体和重要人体器官的“人体保护说”，为了获得神明保佑和避免邪灵伤害的“护符说”，为了显示自己的力量和权威的“象征说”，为了美化自己满足美的情感的“审美说”，男女两性互相为了吸引对方，引起对方注意和好感的“性差说”，源于人类羞耻心而对身体器官进行遮蔽的“羞耻说”等，这些起源学说从不同的角度解释了人类穿用服装服饰的目的，即服装的功能性。虽然关于人类穿着服装的目的有不同的学说流派，目前学术界没有统一的定论，但归纳起来大致可分为两大类：生物人体对于自然环境的适应和社会人对于社会环境的适应。

从服装的基本特性上看，服装具有物质和精神这双重属性。服装的物质性表现为人类作为生物个体生存时，对应于外界自然环境和自身的生理需求的各种功能性和实用性。这是由人类长期与所处的自然环境做斗争的生存需要而形成的特性。服装的精神性也即社会性作用。人作为集团生活成员的“社会人”，要彼此交往，要向同类显示自己的社会位置、身份、能力，以获得对应的生活资源；要向异性炫耀自己的魅力以获得繁衍后代的机会；要向敌手显示威严以获得生存或占有更多资源的机会。与服装的物质性那种保存生物个体的“内向性”相反，服装的精神性表现出一种强烈的“外向性”特征，即“穿给别人看的”。

服装的精神性特质及外向性特征使得服装成为人类生活中非语言性的情报传达媒体，承载着关于着装者的丰富信息。影视服装作为服装的一个种类，同样也兼具着物质属性和精神属性。由于影视服装是为专门为影视艺术创作服务的，那么作为形象化的信息载体，影视服装在影视创作中有着重要的作用。

一、与人物的关系

服装是影视人物的一个构成部分，是影视角色不可分割的一个部分。我们所谓的“衣如其人”，指的就是穿衣的风格是一个人气质、风度，以及素质和修养的综合体现。美国一个研究服装史的学者说过：一个人在穿衣服和装扮自己时，就像在填一张调查表，写上了自己的性别、年龄、民族、职业、经济条件、社会地位、宗教信仰等。服装是一种具象的形式，它能够直接地反映出穿衣服的人的形象特点与性格特征，这种特征能够对电影作品中的角色塑造起到关键性作用，也是影视服装在电影作品中最核心的作用。

影视服装是影视人物造型最重要的构成部分，它是塑造人物形象特征的一种重要造型手段，直接为人物服务。服装设计师就是通过服装这一艺术与物质媒介把演员塑造成剧中的人物形象。美国著名电影服装设计师伊迪丝·海德称服装师是魔术师。她讲："在电影里，服装的作用是使银幕上的演员给人的印象就是剧中人。"使演员成为剧中人是电影服装最重要的任务。服装伴随角色出场时，是观众接收到的最直观的元素，它对人物形象的树立与深化起到直接的作用。服装是人物的文本形象转化到视觉形象的重要载体，其所承载的表现内容为以下两个方面。

1. 表现人物的外在表征

"外在"是指显露在外的，外部形象或环境等。电影人物的"外在"是指人物在影视作品中形象外观所呈现的所有内容。

这种外在表征规定了人物的一些基本属性，如性别、年龄、民族、地域、职业、社会阶层、宗教信仰、所处的历史时代等，这些表征必须与影视作品所规定的情境相符合。

一个人物形象是否能够得到观众的认可，外形外貌是第一关，如果电影人物的所呈现的外貌与观众的预期和想象比较相符，观众较容易接受这个角色；反之如果与观众内心预判的形象差别过大，观众就比较难接受这样一个人物形象。

在《指环王》（*The Lord of the Rings*，1954）系列电影，故事所描述的是一个完整的中土世界，虽然这个世界的一切都是虚幻的，但影片构建了一个无论是情节还是视觉上，都相当真实的一个世界。在这个虚构的世界中，有着种类多样的生物和族群，每个族群都有着自己的文化，每种文化都有着相应的服装和造型。这就给服装设计提出了很大的挑战：这些不同身形、不同性格、不同命运的生物种群，必须有令人信服的服装，才能从视觉上塑造出影片人物的真实。其中灰袍巫师甘道夫这一角色的服装设计，因充满魔幻意味却又真实可信而获得观众的喜爱，这个演员与服装共同塑造的形象令人难忘。根据剧情，甘道夫的种族是巫师，家族是迈雅，即次级神。在中土大陆创造时他就已经存在了，活了三纪，他的寿命是永生。甘道夫的外形取材自北欧神话中的奥丁形象，甘道夫当初作为一个老人出现，拥有灰色胡子，灰色斗

《霍比特人》灰袍巫师甘道夫造型，延续了《指环王》三部曲中的造型

篷（大概对应自己灰袍甘道夫名号）和一顶蓝色尖帽子。《指环王》中的甘道夫，一身巫师长袍加斗篷，看起来很古老又充满神秘气息，加上他的招牌帽子，看起来很古老很魔幻，但是又不会太夸张。演员伊恩·麦克凯伦爵士的天生气质加上化装师设计的造型，让观众不由自主地相信这名巫师的睿智和魔力，相信他活过了几千年而且将永生。由于影片中的服装和造型与观众内心的预判非常相符，他一出现，观众就相信他就是那个充满了魔力的老巫师，他既是神圣的巫师，更是无畏的战士。

《芙蓉镇》这部电影比较真实地反映了我国自“四清”运动的前五年到“文革”后 1978 年底 20 年间沉重的历史，谢晋导演以几个小人物的命运反映整个大时代。女主角胡玉音是一个小山村的个体经营者，外貌秀美，心地善良，是个外柔内刚的女人，对生活充满热爱与向往，虽然一生经历坎坷，却向往享受浪漫与爱情，她身上有许多传统甚至愚昧的东西。她的服装以“文革”前中国乡村比较广泛穿着的偏襟小花褂为主，碎花和单色棉布小袄褂，表现了她秀美

《芙蓉镇》中胡玉音造型

的样貌和淳朴的品格。芙蓉镇上另一个重要女性李国香，无疑是个典型的“坏女人”，阴险狡猾，卑鄙冷酷，是个精神上畸形变态的人。李秋香是投身革命的女性革命者形象，因投身革命成为权力者，在她身上体现着革命者、权力者、女性这三重属性。她的着装是那个时代女干部身份象征的“列宁装”。这个造型很真实，表现了在那个动荡的年代，在“革命”的外衣下，人性的被扭曲。随着政治运动的起伏，她被打倒之后又随运动升迁，再次露面穿春秋两用“人民装”，手里拿着公文夹，显示了身份的提升。服装在这里真实地表现了这场运动中人物命运的变迁。秦书田是在抗拒邪恶中具有反抗精神和智慧的知识分子，从一个积极向上、热情开朗的青年，经过接二连三的政治风暴的冲击，锻炼出了处事智慧，忍辱负重、不争不斗，以自己的方式进行反抗。他的着装是那个时代典型的知识分子装束，衬衫、长裤、简陋的中山装。片中的服装都非常真实，既符合历史时代，也符合人物的性格，塑造出了真实可信的人物。这样真实的造型，可以引发观众与人物的情感共鸣。

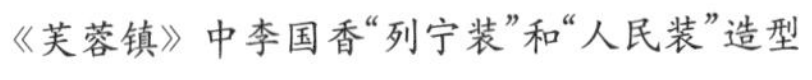

《芙蓉镇》中李国香“列宁装”和“人民装”造型

《芙蓉镇》秦书田知识分子造型

2. 表现人物内在情感心理

服装作为社会文化和人类自我表达的物化形态，本身可以折射出着装者的内心状态和情感方式，影视服装正是要运用服装的这一内涵特性，经过艺术创造，按影片要求强化和典型化人物的情感内质，将人物情感内涵等内容以外化形式展现出来。

在影视作品中，服装的款式、材质、色彩、气氛效果等形式是为内容服务的，是人物内在的“情态”物化的呈现。服装的诸元素可以将人物的情感、心理活动及命运的发展这些内容以可视的形式展现出来，起到全方位塑造人物的关键作用。如服装款式造型是盛大、夸张，还是收敛、温和；色彩是浓艳、明丽，还是暗淡、沉稳；材质是粗犷、华丽，还是细腻、质朴；气氛效果是光鲜笔挺，还是陈旧破败，这些元素的运用都可以较为深入地对人物的情感和心理进行刻画。

因此，在影视作品中，服装与人物是统一的整体，是不可分割的艺术形象的统一。外在的表征和内涵的外化，二者结合共同塑造人物“形象的真实”与“情感的真实”。

《钢琴课》（*The Piano*，1993）是由新西兰著名女导演简·坎皮恩执导的一部浪漫爱情片，也是一部以反映女性觉醒为出发点的佳作。这是一部典型的女性主义叙事电影，故事发生在19

埃达与玛丽莲·梦露的形象对比

世纪，苏格兰女人埃达是一个面目清秀、性格内向的小妇人，她不会说话，有一个 9 岁的女儿弗洛拉。埃达遵从父亲的安排，嫁给远在新西兰的斯图尔特——一个她从未见过面的男人。埃达这一形象是女性主义塑造的精神领袖形象，这一人物形象是女性主义表达必胜信念的寄托和希望。身材娇小、五官硬朗的人物形象体现女性主义电影里反“天使娇容”的形象特征。在化装造型的色彩运用上，为突出人物特征采用了浓郁的黑色，强调别样的女性形象，区别于好莱坞父权意识形态下塑造的典型的“金发碧眼”的、满足男性窥淫欲望的性感美女形象。

在服装色彩造型上也选择运用大面积的黑色。黑色在色彩心理学中象征权威、高雅、低调、创意；也意味着执着、冷漠、防御。埃达是一个不说话的女子，失语本身阻碍了她与外界的自然沟通能力，与外界拉开了距离，是一种防御的象征。她对钢琴的执着和热爱体现她高尚的追求和高雅的性情，而黑色的运用正是为了强调埃达作为女性显现出来的一种执着、坚毅、高雅且不易被亲近的人物性格和人物特征。在 19 世纪中叶，服装的主要流行色彩是淡褐色，橄榄色，琥珀色和香子蓝色。黑色这一特殊的颜色在葬礼上才会被广泛运用。显然，这里对埃达的造型所用的大面积的黑色是与时代主流相违背的，可见这种色彩运用是一种刻意的强调和极致化的表现。

埃达有一个“来历不明”的女儿，这一身份在女性主义理念下特意打造出的女性形象，是为了打造一个不寻常且有别于社会道德下的女性标准形象，一个“孩子不问出处”的，一个不为了生育而生育的女人，一个决定自己生育权利的独立的女子形象。埃达是一个敢于、勇于且自觉与社会秩序相违背的女性形象。这一特征又突出埃达的与众不同，超凡脱俗。黑色这种死亡的颜色正是加倍渲染埃达的与众不同。

《钢琴课》中埃达典型的黑色造型

埃达在看似顺从父亲的安排下，她始终拒绝斯图尔特这个海外殖民地的垦殖者、社会文明的代言人，却选择了一个带有纹面、粗鲁、野蛮、脏兮兮的未开化的毛利族居民贝恩斯。她主动地选择了自己想要的爱情和生活。她更忠实于自己的内心而不是世俗的眼光和舆论。埃达自己选择爱情，选择婚姻，完全是一个掌控者的形象，一个权利的象征。是一个有着高度自觉的女性意识自我意识的形象。黑色的色彩倾向明确，象征着至高无上的权利，又能表现出不可被轻易摧毁的力量，大量黑色块的运用正是象征着权利不可被动摇以及性格坚毅顽强且充满力量的感觉。黑色这样浓重的色块更加突出她倔强、执着、坚定的人物内心。没有杂质的黑色表示她对生活，爱情的忠贞、勇敢和坚定。但大量的黑色又传达出一种压抑和沉重的心理感受，黑色在这个始终阴雨绵绵的小岛上显得更加的沉重和压抑，仿佛黑色笼罩着整座小岛，更是一种罩住埃达人生的枷锁和牢笼。

影片中埃达唯一一次穿一身暗红色的裙装，是在观看演出时，这种红色不是浓烈的，是一种接近黑色、褐色的红。红色象征热情、性感、权威、自信，是个能量充沛的色彩——全然的自我、全然的自信。不过有时候会给人血腥、暴力、忌妒、控制的印象，容易造成心理压力。这里的暗红色的色彩运用更多是帮助情节叙事的作用，此时的毛利人贝恩斯已经痴迷于埃达，而埃达对贝恩斯的示爱是拒绝的，红色象征浓烈的爱情和无限的欲望，身着暗红色裙装的埃达此时没有拒绝斯图尔特的牵手暗示她此时正在努力接受这个法定意义上的丈夫——斯图尔特。但这一举动，让贝恩斯心生嫉妒，愤怒地离开。这是红色巧妙运用的作用。

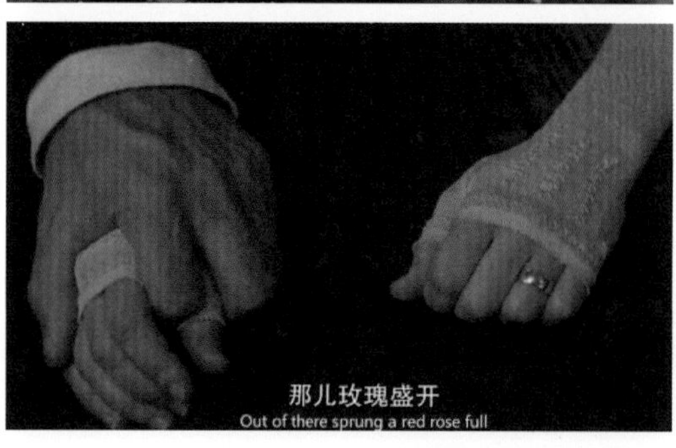

《钢琴课》中埃达暗红色的服装色彩造型

在结尾处，埃达色彩造型上有显著的转变，她身穿灰绿色裙装，服装材料是轻薄的细纱，带柔和的小碎花，袖口有浪漫的白色蕾丝花边。从颜色的运用，我们可以一目了然地感受到此时的她内心洋溢着幸福，对生活更是充满希望和信心。绿色的色彩运用与之前的大量黑色的色彩造型形成鲜明的对比。此时的埃达冲出黑衣笼罩下的牢笼，走出权利与规则的枷锁，像一棵小树刚刚发芽一样，一切焕然一新，做新的自己，对未来充满希望。埃达作为女性，主动选择了自己向往的人生、向往的爱情，结尾处绿色鲜明的表达出女性主义者的期待和希望，是对女性主义胜利的一分寄托和一个美丽展望。

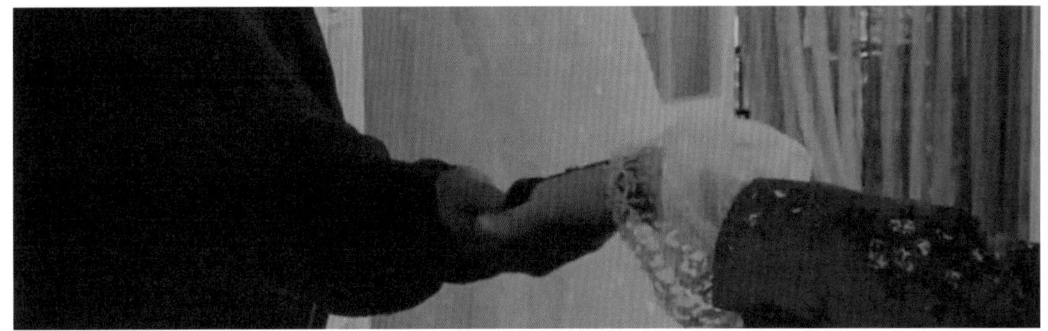

《钢琴课》中埃达淡绿色的服装色彩造型

大卫·芬奇导演的《搏击俱乐部》（*Fight Club*，1999），讲述关于人格分裂的故事：性感、叛逆、残酷和暴烈的泰勒·德登和有着危机意识、被失眠困扰的叙事者杰克，设计师迈克尔·卡普兰说，他们的服装对比度很大，看起来就像是为两部迥然不同的电影打造的服装。在这里服装造型参与了人物截然不同的两重人格的塑造。

《搏击俱乐部》

二、与影视画面视觉风格的关系

影视服装是影视画面的构成元素，是构成影视画面视觉风格的重要组成部分。服装风格和影视画面的风格是相互影响、相互依存的关系。影视服装的风格要适应影视镜头画面的视觉风格，同时它又影响着画面视觉风格。

首先，服装的风格要符合影视作品的总体艺术风格设定。电影电视是依托视听元素所进行的艺术创作，每部作品都有着特定的艺术风格，而影视构成元素中的每一个视听元素都必须服从于作品总体的艺术风格，决不能脱离或者背弃总体风格。

影片《伊丽莎白 2：黄金时代》（*Elizabeth: The Golden Age*，2007）讲述伊丽莎白女王统治的中后期，整部影片中的服装采用华丽的面料、盛大的造型、奢华的细节装饰。整体服装风格上看，造型线条硬朗、外廓宏大有张力、用色铺张，这些服装服饰作为重要视觉元素参与形成了影片这种油画般的史诗风格，视觉风格华丽宏大。

《伊丽莎白 2：黄金时代》中华丽盛大的服装造型

蒂姆·波顿导演的影片《断头谷》（*Sleepy Hollow*，1999），展现了浓郁的哥特风格，影片的画面饱含阴暗、诡异的哥特式暗黑风格。影片的服装无论是款式造型、用色设定，还是材质的运用，都表现了唯美和凌厉的哥特式凄美暗黑风格。这些服装服饰的哥特式暗黑风格元素，非常准确地表达了影片的整体艺术风格设定。

《似是故人来》（*Sommersby*，1993）影片呈现质朴、温暖、怀旧的影调风格，影片中人物的服装多用低反光、低色彩饱和度、粗糙柔软的质料，来表现这种质朴温情的视觉风格。

《断头谷》中哥特式、暗黑风格的造型，诡异阴暗

《似是故人来》
温暖质朴的服装风格

其次，在场景氛围的烘托与营造视觉功效上，电影服装起到为影片烘托气氛，给人以视觉冲击力的作用。如《一代宗师》开篇画面，雨中打斗，主角叶问（梁朝伟饰）身着一袭材质细腻的黑色长衫，敌对的众打手身穿黑色短打（上衣加下裤），所有服装为黑色细布或细绸材质，被雨水打湿后形成高反光的介质，在雨中路灯照射下，这些服装发出强烈的反光与雨水中的街道地面的强反光，表现了冷硬锐利的影像视觉风格。无论是踏水而来的布鞋、飞溅的雨水、冷硬的反光、孤冷路灯照射出的雨丝，还是打斗中被服装反射出的光线勾勒清晰的肢体动作，都在强化这一画面风格。画面中唯一的白色是主角戴的白色礼帽，一直是画面的视觉中心，突出了黑白强对比。这种强对比和锐利的高亮反光，都表现了这一场打斗的残酷与一代宗师必胜的决心，这场影像风格强烈的画面令人难忘，而服装在营造视觉气氛上功不可没。

《一代宗师》冷硬凌厉的镜头画面

三、与演员的关系

1. 互为依存

演员作为人物造型的载体，不仅是人物形象的创造者，而且是角色塑造的执行者和体现者，是影视画面的主体。服装与演员的关系是非常密切的。人物造型帮助演员完成角色的外部特征和状态的塑造，而外部特征不是孤立存在的，是一定的内心思想、人物性格及身份经历等的外部反映。通过服装，演员可以找到角色的感觉，由外部的形象折射角色内在的情感状态，同时促进演员忘却自我、融入角色。激发演员创作角色的情绪，帮助演员进入规定情境。因此，演员与外部造型依存相生，不可分割。

电影大师查理·卓别林就是将演员与服装造型进行完美结合的典范，塑造的经典形象至今令人难以忘怀。他为电影史创造了两个形象鲜明、性格丰富的人物——流浪汉夏尔洛和工人查理。不论是夏尔洛还是查理，形象都如出一辙，蓄着一撇小胡子，头戴圆顶礼帽，上身穿着窄小礼服，

查理·卓别林

下身穿着宽大的西裤，足蹬大头皮鞋，手持黑手杖，踩着外八字走路的矮小男人。在《城市之光》中他以英国式的含蓄和幽默来处理人物，在外形上，他选择了其艺术偶像麦克斯·林戴的礼帽、手杖和小胡子，并以瘦小的上装、肥长的裤子和一双过大的鞋子，构成了一个富有喜剧效果的“绅士流浪汉”的形象。1914年，他演出的第一部喜剧片《谋生》问世。不久，前文提到的流浪汉夏尔洛的形象在他的第二部影片《阵雨之间》中首次登台亮相，其后这一形象成为日后卓别林喜剧电影的重要标志。这个著名的经典形象是和这身造型及他的形体表演分不开的。

卓别林塑造的银幕形象：流浪汉夏尔洛和工人查理

演员是通过声音、形体、语言、动态、表情来塑造角色；服装设计师是通过款式、色彩、材料、工艺等物态手段在演员形体上塑造角色。两者之间不同的角度与手段形成差异，而这种差异必须透过互补、交流来获得一致，以保证影片中角色形象的准确。演员在表演上的失败，其服装形象不会放出光彩；反之，与演员表演不统一、不和谐的服装造型形象，也是永远不会成功的。因此，设计师在塑造人物形象之前，不仅要对演员的形体进行充分的了解，还要对演员的思想（即他对角色的理解）进行沟通，以取得双方对人物的一致理解。

2. 制约引导

演员可以借助服装和造型来进行表演，与此同时，服装和造型也制约着演员的形体动作，烘托人物，起到引导演员表演的作用。也就是说，演员要求服装的同时，影视服装对演员的表演也会有所约束，服装也规定演员的形体表演，两者是互相制约的。服装能够制约人的形体动作。如演员巩俐在《满城尽带黄金甲》中，身着华贵的唐代宫廷服饰，穿上这样的服装，演员会昂首挺胸，端庄高傲，塑造母仪天下的气势和威严。而在《秋菊打官司》中，巩俐身穿农村常见的花棉袄，外罩红格子上衣，下着宽大的老棉裤，两只袖管里露出一截棉护手，巩俐缩着脖、含着胸、挺着肚，抄着两只手的姿态，非常真实地塑造了一个倔强的乡村孕妇的形象。

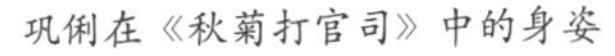

巩俐在《秋菊打官司》中的身姿

巩俐在《满城尽带黄金甲》中的身姿

3. 突出演员

影视服装还必须要考虑到演员自身的特点，大部分的服装必须要合乎演员的身材。而在考虑服装与演员的关系时，有时是要突出演员自身的一些优势，有时又是要隐藏演员自身的一些特点。有些商业化的影片，有魅力的演员是影片的票房保障，观众也会沉醉于对演员自身特点美感的欣赏，这时就要针对演员的优势进行设计，要尽量突出这些吸引观众的特点。如黛德丽的腿、梦露的胸、施瓦辛格的胸肌……这些被广泛观众所喜爱的演员的特点，电影服装则尽量强调这些特点。

如《七年之痒》（*The Seven Year Itch*，1955）中，玛丽莲·梦露的白裙造型，已经成为美国文化的图征。这是一款优雅的宴会白裙，开口很低的前胸、无袖、裸背、高腰节，腰部以下为百褶设计，质料轻盈，露出了梦露的臂、肩、背、乳沟，以及被地铁风口吹起群摆后露出的大腿。这款服装很好地突出了梦露那著名的胸部，展现了梦露性感曼妙的身姿，塑造了一个清纯而又性感、自信而又娇羞的梦露，这一经典形象几十年后仍被无数人喜爱着。健美先生施瓦辛格，有着一身健硕优美的肌肉，他主演的一系列硬汉影片中，服装的设计都尽量突出他这一令全世界影迷喜爱的特点，如《终结者》系列。

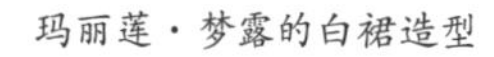
玛丽莲·梦露的白裙造型

施瓦辛格主演《终结者》海报

黛德丽主演的影片《蓝天使》

但有时演员自身的特点太强，观众会过于关注演员本身，容易从角色和剧情脱离出来，这时服装设计反而要尽量隐藏演员的特点，使演员更好地融入人物当中，也使观众忘记演员本人，能够进入导演所设定的人物和剧情中。《美国人》（*The American*，2010）中的男主角乔治·克鲁尼可能是每一个设计师都希望合作的演员，其魅力无法阻挡，然而设计师苏迪莱·拉拉姆却面临这样一个挑战：她必须让这位好莱坞最有魅力的男人变得不为人们所注意，使他成为在中世纪风格意大利小村庄里隐姓埋名的冷血杀手，他要尽一切可能低调，不能像詹姆斯·邦德那样风流倜傥，潇洒俊逸。这位被时装界争相请来代言的明星，在这部电影里却成了设计师的难题。很多的时装名牌跟她联系，希望她能用他们的服装来装扮克鲁尼，这些衣服都非常美丽，克鲁尼穿上其中的任何一件都会魅力四射，然而却没有一件是适合这个角色的，没有一件可以代表一名尽一切可能保持低调的杀手，这些衣服都太时髦，有的甚至预示着流行趋势。设计师最终精心挑选的是一件看上去非常普通的外套和一套普通的西装，因为它在质地上和轮廓上都非常有节制，而且还有着很漂亮的裁剪。因此通过服装来准确地把握角色的尺度是服装设计师一个重要的素质。

《美国人》中乔治·克鲁尼的服装造型

有时，演员自身条件有一些不够完美，比如脖颈短、腰粗，或者腿短、局部有肥胖感等，服装设计师在为演员设计服装时，需要在款式上下一些功夫，去替演员遮蔽这些不够完美的部位。

四、与其他各部门的关系

导演、美术、摄影在电影制作中是三大支柱。摄影师的画面构图、摄影风格与照明师的灯光效果是塑造人物形象和创造环境气氛基调的重要手段。银幕上人物形象的完美和生动，不仅仅取决于演员、导演和剧作家的才能，摄影师和灯光照明师的创作技巧也起着相当重要的作用。同时这两者与服装师的合作也是极其重要的。摄影师选用的技术手段会直接影响服装的视觉效果，会使服装色彩产生偏色。此外，为了渲染环境气氛和加强表现人物的心理变化，摄影师常采用各种色光照明，这也会影响到服装面料的色彩和质感。所以，服装设计师要对摄影、灯光照明业务知识有一定的了解。同时，服装师必须要与摄影师和照明师做充分的沟通，对每一场戏如何拍摄，摄影和灯光有什么特殊要求都要及早掌握，也要使摄影师和灯光师了解关于服装的特点，各方配合，积极协调，才能够创作出达到要求的作品。

在影视创作中，录音部门同样是重要的部门，在创作过程中，录音部门与服装同样有着很多

《玛戈王后》中，用服装材料发出的声音渲染气氛

的联系。演员身着的服装在进行表演动作时，由于服装材料的互相摩擦会产生各种声音，这些声音有时是录音部门做声音创作的元素，如影片《玛戈皇后》中，玛戈皇后（伊莎贝尔·阿佳妮饰）与情人拉莫勒（文森特·佩雷斯饰）的一场激情戏，镜头拍摄得很含蓄，但在声音上特别强调了玛戈皇后绸缎衣裙窸窸窣窣的激烈响动，以声音表现了两个人的激情如火一般炽烈。也经常能看到很多电影中铠甲战争的场面，铠甲与兵器的激烈撞击，表现着战争的残酷。服装材料产生的声音经常会被用于塑造人物或渲染气氛，但有时又不需要过强的服装摩擦的声效，因此，服装师也必须要和录音师做沟通，掌握录音师的创作要求，也可以根据录音师的音效设计要求进行服装材料的选择。

总之，电影艺术创作是各个创作部门紧密配合才能完成的，服装师要与各个部门紧密配合，协同创作，这样才能创造出优秀的作品。

思考题

1. 你如何理解电影人物造型?
2. 影视服装在影视创作中起着什么样的作用?
3. 影视服装与影视创作各部门的关系是怎样的?

第二章 影视服装的特性及分类

作为影视造型语言，影视服装除了具备一般服装的特征，比如美观、舒适、实用等，它还必须承担起塑造人物的功能，它必须以特定的形式完成其所承担的任务，因此具有不同于一般生活装的、其自身的特点。最重要的是它出现在影视剧画面中，要遵循影视艺术规律，即服装出现在画面中作为影视语言的一部分，要与其他的造型语言协调一致，共同承担起表现功能。

第一节 影视服装的特性

影视服装与日常生活装、设计师概念服装及舞台演出服装有很大的不同，它有着自己的一些特性。尽管影视服装是来源于生活，但其本质是艺术创作的元素，是创作者进行创作的手段和工具，因此影视服装具有生活服装所不具备的一些特性。

服装在影视剧中承担的功能不同于一般生活服装，在影视剧中，服装除了具有造型与色彩方面的审美意义，给人们带来视觉享受与冲击之外，更重要的是承担着塑造角色、制造氛围、渲染气氛、突出风格等表意功能。这种表意功能是建立在审美基础之上又具有突破性的独特的功能，从一定意义上说，审美要服从表意。服装的造型及它的功能对影片的画面乃至整体的艺术风格有直接的影响作用，若不依照造型艺术和影视创作规律的要求进行影视服装设计，则会对人物形象的塑造产生很大的破坏力，降低了剧作的艺术价值和创作水平。在当下的影视创作中，出现了一种盲目追求形式美的倾向，忽视了对服装造型精神内涵的挖掘，从而使服装在画面中过于突出，甚至脱离剧作，突出于内容之外。从理论上说，这就是服装没有做到造型与表意功能的有机统一。影视服装在影视剧中除了具备一般的审美意义之外，重要的是承担着塑造角色形象、反映时代特色与文化内涵、体现导演与设计师的创作风格、烘托气氛、构建文化价值符号等多重表意功能。影视服装的创作一定要认清影视服装的特性，在创作中要遵从影视创作规律，戏服不应突出于影视作品之外。

一、审美性

服饰是人类物质文明和精神文明的结晶，服饰文化是人类审美意识和审美活动的产物。服装从一开始就是人类创作的一种文化形态，各个时代、各个民族的服饰文化都是以时代和民族的社会文化为基础，以时代和民族的美学理念为依托，形成不同的服饰文化形态。服饰文化本身就是人类社会追求美的产物，服饰是人类文化乃至审美文化最早的物态化形式之一，也是人们心灵深处的审美文化心理、审美意识、审美趣味和审美理想等意识形态的外化。服饰的美学在美学的范畴但又遵循服装自身的规律，涉及社会学、民族民俗、心理学等多方面，如服装面料、色彩、款式产生的艺术美；工艺制作产生的技术美；服饰配件的完整美；服装与人结合的形态美；服装、人与环境相适宜的实用美等，它是人类社会文化生活的精神表现要素，同时也是重要的审美对象。

影视作品是现代生活中一种文化需求，它能满足人们内心对精神生活的追求，一部好的影视作品向观众传递的不仅是一个故事情节或是它的艺术表现形式，更重要的是精神情感体验。服饰在影视作品中和其他的造型语言一样有着诉诸观众关于影视作品内涵的作用，它的审美价值是不容忽视的。

影视服装的审美性与生活服装的审美性不尽相同，由于影视服装是影视艺术创作的元素，这一属性规定其首先要符合影视艺术的审美要求。而在审美性方面，可分为形式的审美和精神的审美。即影视服装承载着“形式美”与“精神美”的双重属性。

1. 形式的审美

艺术性是衡量一部影视作品艺术价值的标准，影视服装通过艺术的刻画传达出一种审美情感。影视服装作为影视艺术创作的重要构成元素之一，其在影视画面中的呈现必然有着形式审美的要求。影视服装设计归属影视美术设计艺术，与文学、导演、摄像、表演等构成了影视艺术不可缺少的表现手段，直接诉诸观赏者的视觉感官，从这一点出发而形成的形式美才具有真正的美学意义，画面构成所表现出来的美学价值常常对整部影视作品的美学价值具有举足轻重的意义。

影视服装形式美的审美性，主要是指服装服饰在影视作品中所呈现出美好形态，是由服装的样式、色彩、材质、饰物等造型元素共同呈现出的美的外观所带来的观赏美感。影视服装是服装的一个种类，其审美性与生活服装有着相同之处，也有着不同，它源于生活又高于生活，是人们社会生活的升华，是美好的再现。服装服饰在影视作品中体现出较高的审美价值，因此服装服饰成为吸引观众、满足观众的审美心理需求的视觉艺术品。

《绝代艳后》（*Marie Antoinette*，2006）是一部具有艺术美感的影视作品，这是一部史诗般的巨作，影片凭借全片精美的服饰获得了第 79 届奥斯卡最佳服装设计奖。这部电影讲述的是关于 18 世纪法国宫廷的故事，影片反映的是洛可可时期的服装特色。洛可可时代非常强调女性，女性的地位很高。在这样的社会情况下，那个时代非常强调女性美，服装服饰非常柔和而女性化，包括由大裙撑、紧身胸衣、低低的领线构成的款式，以很多花边、蝴蝶结做装饰，用一种夸张的语言，强调了女性的特点。影片中的服饰具有典型的洛可可时期特色，有着华丽、精致、优雅的气质；影片整体画面干净柔和，充满女性的气息，服装色彩温和明丽，样式柔美浪漫，荷叶边的袖子、蕾丝边的裙摆，以及大量的装饰，服装服饰给观众带来的视觉效果堪称精致。女主人公穿梭在各种宴会之中，频繁地更换礼服让观众目不暇接，这些礼服娇艳多彩，明媚动人。影片中玛丽·安托瓦内特王后（克斯汀·邓斯特饰）所穿着的服饰每一套都由华美的面料、性感的款式、精美的多重蕾丝花边、柔美自然的多层飞边荷叶袖，以及羽毛、珍珠、宝石、蝴蝶结这些充满女性意味的装饰品装点，华美浪漫。片中每一位演员的装束无不给人一种美的享受。影片中的服饰具有很高的艺术审美性，给观众带了视觉上的美感体验。

《绝代艳后》的洛可可风格服装造型

影视服装的形式美还体现在服装设计师为了影片的视觉风格和艺术风格而进行的风格强烈的设计，这类服装设计并不直接反映现实社会生活，而是作为导演艺术思想的载体，是服装设计师为了体现导演的艺术思想而采用的、形式感很强的风格化设计，如《入侵脑细胞》《惊情四百年》《理发师陶德》《无极》《夜宴》等这类视觉风格化的影片。在这类影视作品中，服装是影片重要的审美元素，服装设计师能够充分发挥设计的魅力，展示服饰美的意趣，特别是服装的装饰性和独特个性向来是服装设计师们的最高追求，在这样的设计要求下，如果服装的风格能够与影片的风格很好地融合，那么其审美性就能够得到很大程度的发挥。在拍摄《惊情四百年》(*Dracula*，1992）时，导演弗朗西斯·福特·科波拉说了那句有名的“让服装成为布景”（Let the costume be the set）。他认为在这部电影里，从视觉上来说，布景不是最重要的，他希望把更多的钱投到服装上。他希望电影能摆脱掉以往吸血鬼故事那种阴森诡异的基调，而去讲述一段鲜活、丰满、荡气回肠的爱情故事。于是日本服装设计师石冈瑛子运用她超凡的想象力，将充满意味的元素在每件衣服上运用到极致，整体服装风格大胆而鲜明，以惊悚的哥特式风格为基调，视觉上极尽诡异、华丽、血腥、情色之能事。德古拉(加里·奥德曼饰)那件拉金色的寿衣、露西那件用纯白色蕾丝和纱制作的造型病态的婚礼服等，都最大层面地强化了这部电影的凄美和恐怖。红色成了影片的主角，她用红色象征鲜血而且只将红色用在德古拉身上，德古拉开场那件狼形的红色盔甲、后来带着长长后摆的猩红色长袍和如昆虫般的发型，都预示着他的嗜血和终将遭到天谴。设计师还特地为米拉（薇诺娜·赖德饰）设计了一件绝美的红色长裙——如怒放的玫瑰一般层层叠叠的裙身，这是德古拉为她特别制作的裙子，是他对米拉爱情的象征，所以他为米拉选择了“他的颜色”。这同时暗示着米拉也将为了德古拉成为吸血鬼。石冈瑛子为这部电影设计的每一件衣服的背后几乎都是一个密码、一个暗示，哪怕一个裙褶和一个绣片。它们让古老吸血鬼形象以阴暗、优雅的气质跃然于观者眼中，以极具冲击力的视觉语言给人以全方位的审美体验。通过服装的造型，设计师将爱情和性欲以一种凄美到恐怖的方式深刻地表达了出来，用一系列高纯度的颜色和强烈的廓形使得全片充满血腥、诡异、华丽、颓废而又富于史诗般的浪漫气质，将这一超越了外表、宗教、种族甚至时空的故事体现得凄美入骨，让人不寒而栗，也唏嘘感伤。在这样一部影片中，服装是一个重要的审美焦点。

由此可见，影视服饰虽是来于生活，是人类现实生活的再现，它直接反映了人的现实生活，应以现实生活为基础，必须遵从事实进行服饰创作。但影视服装又高于生活，并不是要将生活现实原封不动地、机械地还原，而是在真实生活的基础上进行适当的艺术加工，体现艺术创作的典型性，这样才能体现出影视作品的审美价值。

但在影视服装设计中，应该特别注意的是形式与内容的结合，甚至可以说是融合。任何以形式超越内容或是形式无法表达内容的设计都是失败的设计。有些影视作品，为了追求视觉上的形式美，不惜牺牲对内容的表达，于是空洞的外在形式脱离了影片和人物，这样的作品即使有着美的形式，它也不能成为成功的作品，有时过度或片面追求形式美甚至会对人物造成破坏，反而降低了影视作品的艺术价值和创作水平。

《惊情四百年》中德古拉的金色寿衣造型

《惊情四百年》中露西白色病态的婚礼服

《惊情四百年》中德古拉狼形的红色盔甲造型

《惊情四百年》中德古拉猩红色长袍

《惊情四百年》中米拉的红色长裙，如怒放的玫瑰

2. 精神的审美

影视艺术作品是现代生活中一种文化需求，它能满足人们内心对精神生活的追求，一部好的影视作品向观众传递的不仅是一个故事情节或是它的艺术表现形式，更重要的是观众的精神体验。

影视服装与生活服装有着不尽相同的审美方向，现实生活中人们利用服装是要把自己扮美，使自己达到或接近所处社会公认的或自己所认知的美的标准。但影视作品中，服装必须是以表现人物的艺术美为前提，美的精神、美的人性是影视作品表达的主题。艺术的美包括痛苦和憎恶、绝望和疏离。为了这样的艺术创作目的，有时是要把人扮“丑”、扮恶、扮惊悚、扮怪诞……塑造非生活化的审美表征，而这些服装造型为了表现人物的精神内质，是属于精神审美范畴。

影片《立春》就是这样一个典型的例子。影片讲述了生活中的小人物们的故事：北方某小城市的大龄女音乐教师王彩玲（蒋雯丽饰）相貌丑陋，却因天生有一副唱歌剧的嗓子，为人相当清高，活在自己的世界里，有着自己的艺术理想，却又不得不在生活的浊流里挣扎。女演员蒋雯丽在这部影片中，可以说是做出了很大的牺牲：原本那么一个明眸皓齿、苗条秀丽、巧笑嫣然、美丽的蒋雯丽，为了这个角色牺牲“色相”，刻意扮丑，增肥三十多斤，让自己的体型呈现肥胖的中年女人的姿态，黝黑粗糙的皮肤，宽大的脸颊满是雀斑和痘疮，还专门装上了龅牙，穿着中小城镇中年妇女的衣服，整个的人臃肿土气，毫无美感。但正是这样的装扮，使得这样一个角色生动而真实，这样一个“丑女”对梦想的执着，以及对现实无法把握的无奈才是真实的。而这种真实是能够打动人心的，能够引起观众的情感共鸣的。

演员蒋雯丽生活照与《立春》里的扮丑造型

《立春》中的造型

再如影片《阳光小美女》（*Little Miss Sunshine*，2006），设计师南希·斯坦雷（Nancy Steiner）在这部现代喜剧中成功地通过服装帮助导演塑造了一个奇特但又温情的家庭。通过服装来强化他们古怪的性格正是这部电影成功的关键因素之一。设计师让每个角色都是他们自己，各有特色。小主角的服装和造型设计并没有按照欧美传统的美丽小天使般的外观去装扮，相反的，为了拉开奥利芙与其他参赛小姑娘外形上的差距，让她和人们心目中的选美标准有强烈的反差，从而增加故事的悬念，设计师故意强调了小主角奥利芙的缺陷。她为小主角设计了一个假的小肚子，圆鼓鼓的，把T恤故意设计成紧紧地绷着小女孩的身体，使她看上去矮胖而笨拙，再加上她那副巨大的眼镜，看上去像一个高度近视的小姑娘，从而突出了小女孩一心想要参加美少女选美的荒谬性。而这样一个外形“不美”的小美女，相貌平平、有些笨拙的样子吸引着观众期待着选美的结局，最终留给观影人的是最为真实的人生体味。这样的装扮设定不以“扮美”的形式审美为目的，是为了让观众更好地品味影片的主题，因此这样的设计是典型的以精神性审美为主导的。

随着社会的进步、社会多元化进程的加速，人们对精神美的审美需求的不断增长，人们已经不满足于单纯唯美意象的审美，审美的形式也更为多元化，如恐怖、战争、惊悚、暴力、灾难、荒诞、末世废土、僵尸吸血鬼、暗黑风格等，这些类型的影视作品多以恐怖、血腥、丑陋、阴暗

《阳光小美女》的扮丑造型

《阳光小美女》中奥利芙与其他选美小选手形成很大的反差

的造型呈现，其审美方向更偏重于精神审美，以这些“不美”的形象，使观众体验到恐惧、难过、悲痛、震撼、绝望等心理，从而引发对生命的关注、对人性的反思、对人类未来的思考等，引发观众情感的宣泄，满足观众对精神美的体验。

二、表意性

20世纪以来，艺术美学中的一个普遍观点，是将艺术视为一种语言，把艺术创作看作是一种语言的表达方式，作为大众艺术的电影和电视，有着它自身的语言系统——影视语言。影视语言是影视艺术在传达和交流信息中所使用的各种特殊媒介、方式和手段的统称，即影视用以认识和反映客观世界、传递思想感情的特殊艺术语言。与一般语言不同，影视语言是一种直接诉诸观众视听感官，以直观的、具体的、鲜明的形象传达含义的艺术语言，具有强烈的艺术感染力。画面是影视语言的传达媒介，参与画面形象创造的各元素：表演、场景、光效、色彩、化装、服装等都在构成特殊的影视语汇方面起了重要作用。服装作为构成影视画面的重要元素，同样具有语言化的特征。

郭沫若在1936年为服装展览会的题词是“衣裳是文化的表征，衣裳是思想的形象”。罗兰·巴特尔认为：“服装是一个象征系统：衣物既是实物必需品，又是表明一定的社会差别、社会意向和变化的一个表意系统。”[1]服装作为人类社会文化的结晶，其精神性表现的“外向性”特征，除表现为装饰性外，另外一个重要表现就是象征性。

服装的象征性是指，人类在集团生活中，在对他意识的驱使下，通过着装或装扮行为，向他人表明自己的身份、地位、教养、意志、主张、感情、个性和嗜好等社会内容的特性。正是因为服装具有这样的象征性，在影视创作中，服装承载着对影视人物的性别、年龄、民族、职业、经济条件、社会地位、宗教信仰等信息内容的表现与传达作用，这种特性就是影视服装的表意性，也称语意性。

表意性在影视服装设计中是设计者必须善加利用的一个重要特性。要求设计者通过对影视中的故事情节、时代背景、人物形象及人物定位进行主观分析和理解，进而在服装造型上进行呈现，它是电影艺术语言的一个重要有机组成部分，是一种隐喻性质的表达。通过影视服装表达出的特定含义和寓意，观众可以得到暗示，能够得到对人物角色的直观理解。所以，一个成功的影视服装设计作品必须利用服装的表意性特征来烘托的影视作品主题、刻画人物形象、传达人物个性、渲染故事情节。

1 李当岐：《服装学概论》，高等教育出版社1998年版。

影视服装的表意性在对人物的塑造的作用，具体可以表现为以下几个方面。

第一，揭示角色的职业、身份、地位等人物背景

在人类进入20世纪之前的任何一个时代，在任何一个民族与地域的衣生活文明中，服装的阶级标识性一直是贯穿服装史演化过程的一个重要性质，人们以服装来体现他的阶级、职业、地位、身份和宗教信仰。影视剧中的服装除了显示阶级地位的差别之外，还可以表明人物的职业等背景。

第二，传达人物个性

服饰被称作“人体的自我延伸”，心理学认为，服装服饰就是人心理和心态的一种反应。因此，不同性格的人会对不同服装的款式、颜色、材质和饰物有着不同的兴趣，反过来说，不同的服装款式、颜色、材质和饰物可以反映出人的不同性格。在影视作品中，根据人物的个性不同而设定的服装，能够清晰反映出人物的个性特征。比如性格刚毅的人偏爱重颜色、较为坚挺的面料、线条硬朗的款式；性格温和的人则偏爱浅淡至中性的色调、较为柔性的面料、线条舒缓的款式；性格张扬的人会偏爱高饱和度颜色和大纹样，喜爱光泽度高的面料、线条夸张些的款式。在影视创作中，利用服装可以很好地传达出人物的个性特征。

第三，暗示人的情感心理与情绪

在影视作品中，服装造型发挥抒情性功能的另一个方面，就是对人物情绪状态和情感活动进行准确和直接的描绘。服装在影视作品中是运用色彩、样式等造型手段抒发人的情绪，达到刻画人物的目的。

第四，衬托人物处境

在影视作品中，人物的处境随着剧情的展开而发生着种种的变化，而他们的服装装扮自然也必须随之发生改变，随着人物处境的改变进行相应的服装设计，这是一部成功的影视剧不可或缺的重要元素。

第五，预示角色的命运

我们看影视剧作首先关注的是人物的命运。影视剧中人物的命运不仅仅是依靠剧情来表达，有时候导演通过一些暗示的手段为人物命运的发展做了铺垫，人物服装的设计可以作为导演创作中暗示人物命运的手段。

影视服装的表意性，可以通过服装的款式、色彩、材质、装饰纹样、穿搭方式这几个影视服装的造型元素进行表现，通过这些元素可以传达出非常丰富的视觉信息。如，服装的款式是历史时代、宗教信仰、民族归属、社会阶层等信息的直观表达，因为不同的历史时代、不同的宗教信

仰、不同的民族，以及不同的社会阶层都有着特定的服装样式，当影视角色穿上特定款式的服装，就是对影片故事及人物背景的最清晰的交代，同时也可以表明导演在精神层面的创作意图。用服装表现特定历史时代和民族属性是影视服装表意性最基本的作用，像历史题材影视作品都要利用服装的特定款式来打造影片时代和民族氛围。如电影《宾虚》（*Ben-Hur*，1959），这是一部民族苦难历史片，故事发生在公元 1 世纪，古代罗马军队侵占以色列的时期，讲述了犹太人宾虚同罗马指挥官玛瑟拉之间的爱恨情仇及其反抗罗马帝国压迫故事。影片很多恢宏壮美的场景展现了古罗马时期的风貌。由于影片所反映的故事宏大曲折，片中的服装更是充分展现了古罗马时期的多种族、多阶层的样貌，其中有古罗马皇帝、官员、神职人员、贵族、平民的表现阶层的服装服饰，也有表现罗马人、犹太人、阿拉伯人等民族服装，有表现战士和将领的铠甲，也有表现奴隶和战俘的破旧衣物。服装的样式、色彩、装饰细节都很好地参与到表现历史、社会、民族和人物中，服装的表意性在影片中起到了重要的作用。

《宾虚》服装造型

《宾虚》中体现人物身份的服装造型

《宾虚》中表现罗马人、犹太人、阿拉伯人等人物民族特征的服装造型

有的影片利用特定服装款式所代表的特定含义来体现人物特定的精神。如电影《弗里达》，讲述了墨西哥著名的女画家弗里达短暂痛苦而又灿烂的传奇的一生。影片运用丰富的造型元素，使弗里达生动又形象地展现在观众面前。影片运用了十分复杂但非常协调的色彩元素。墨西哥是一个十分热情的民族，影片中大量的使用红色表现了墨西哥的民族色彩，也表达了主人公弗里达豪放的性格特征。电影中浓烈而勇敢的色彩元素就是弗里达本人，这种撞色色调也是影片中的主基调，牢牢地把握住了弗里达的爱国精神、重视诚信及家庭价值观。蓝色与金色，红色与绿色，两组对比运用其中，既和谐又能展现弗里达内心的矛盾。当男女主角关系和谐时，弗里达及世界都充满着柔和、温暖的色彩。当经历了墨西哥最动荡的革命时期，以及丈夫屡次出轨那人生中最困苦的阶段时，曾经鲜艳的热情也开始变得暗淡无光，等待她的是无尽的争吵与破裂的婚姻，以及一种更极端的、去性别化的改变，弗里达换上了男装，剪断了秀发，画着内心备受煎熬、万分痛苦的自己。这样的款式和色彩变化的运用，揭示了弗里达命运的转变及她内心的转变。

《弗里达》中浓烈色彩服装造型的弗里达

《弗里达》中穿上男装的弗里达画出短发穿男装的自己

在影视剧中，服装色彩表意性有着表达导演思想的重要作用。如张艺谋导演的《红高粱》，影片营造出的以红色为基调的画面及恢宏的氛围，这红色注入了导演的情感，片中以物来烘托意境，情境自然结合，做到了“情与景会，意与象通”。这其中，女主角九儿的红色服装：红袄、红鞋、红盖头，与如火如荼的红高粱和红高粱酒，一起组成了讴歌生命的红色赞歌。

《红高粱》中的红色

材质更是表意性的重要工具。由于不同的服装材料有着不同的质感，在影视画面中，不同的质感带来不同的视觉体验，因此材质具有视觉语言的丰富性。日本设计师和田惠美曾介绍，《乱》（*Ran*，1985）中的女性角色枫夫人，性格像蛇一样，于是选用了一种亮闪闪的纱质面料，以表现人物内心的阴险。（如下图）当这个女性角色被杀的时候，又会在服装上运用金与红和黑的搭配，取代原先的金色和白色，从而营造一种死亡的压抑。

《乱》中枫夫人如蛇般材料的服装造型

《乱》中的枫夫人造型，蛇般纹样加上红、黑色，表现危险

在和田惠美设计的另一部市川昆的影片《竹取物语》中，公主辉夜姬（泽口靖子饰）即将离开地球返回月亮时，她的白色长袍上镶着黑色和蓝色的图案，像太空中看到的蔚蓝色的地球，衬托出她的忧伤和对地球生活的怀念。

《竹取物语》中蔚蓝色纹样的服装

服装的表意性还常常用于暗示人物的命运，如电影《末路狂花》（*Thelma & Louise*，1991），讲述了两个女人结伴出游，随着一路上的经历，逐步被逼迫走上了一条不归路。在这样一个致命旅途中，两人的服装造型的变化，表现了人物性格的转变，也暗示了人物的命运。生活在沉闷与琐碎家务中的家庭主妇塞尔玛（吉娜·戴维斯饰）与在某间咖啡厅做女侍应生的闺中密友露易丝（苏珊·萨兰登饰），为了缓解枯燥乏味的生活，相约一起出游，塞尔玛是典型的家庭主妇，18岁就走入婚姻生活，对丈夫言听计从，有着小女孩的天真和纯情，出场时化装的造型采用金色波浪式卷发，宛如芭比娃娃一样，塑造了一种典型的外貌甜美但头脑简单的形象，走出家门时穿着的是一套公主气质的白色长裙，强调了塞尔玛的女性柔美特征。露易丝盘起的长发、中性的牛仔裤搭配领边绣花白衬衫，表现了与塞尔玛不同的性格，较为理性和独立。出发时，两个人戴着时髦的大墨镜、印花丝绸头巾，穿着吊带白裙、绣花衬衫，一脸开心的笑容，显示着都市女性的典型特征。随着故事的一步一步推进，两个人的造型逐步去女性化，向男性化发展。直到最后，两个人都是牛仔裤配无袖T恤衫，显示两个人的内心已经一样的坚强，一黑一白的T恤，没有其他颜色，显示了坚定和不屈服。露易丝用全身的首饰换取老人的一顶牛仔帽，把牛仔布条扭成项链戴在颈上。塞尔玛的黑色T恤上印有骷髅图案，配上纯黑色的男性风格墨镜。这已经暗示了她们已经告别了女性的脆弱，义无反顾地走上一条毁灭之路。

《末路狂花》中服装造型的变化，表现人物性格和命运的转变

出门前提着枪装扮的女性风格与握枪的男性气质装扮的塞尔玛

三、叙事性

影视服装参与着影片叙事结构，表明或暗示着时间结构的变化或人物命运的变化，因此可以说，影视服装具有叙事性的特性。由于服装的直观性，及传达视觉信息的直接性，很多时候在影片叙事中承担着重要的传达性功能，尤其在一些情节关键点上，成为重要的信号，为故事情节的推进及转变提供可辨识的视觉信息，使观众于不察觉中捕捉到这些转折，进而进入导演设定的情境中，顺利理解故事、理解人物。《教父》系列中，老一代教父维托，在鼎盛时期主持“公道”，穿黑色礼服，显示他威严和至高地位。他处于退离家族管理位置后，换了穿一件柔软的羊毛开衫毛衣加柔软的起绒布衬衫的造型，是温和老者的形象，已然显示出他的隐退之心。死前最后一场戏，他身穿本白色纯棉休闲衬衫搭配卡其布休闲裤，坐在明媚阳光下，完全回归到自然的状态，表现了他已经远离黑社会，但也预示着他将迎来另一个宿命——死亡。

《教父》中维托鼎盛时期霸气的黑色造型

《教父》中老年维托退隐下来平和的灰色造型

《教父》中老年维托去世前休闲生活的浅色造型

影视创作是在时空转换与变化中推进故事情节及人物情感发展的，作为在银幕中处于不断运动变化的人物所穿着的服装也处于一种不间断的变化状态中。很多时候导演会打破故事的叙事顺序，情节前后穿插，这时候服装就成为观众捕捉故事线索的辨识点。同时，每个阶段的人物也有着不同的境况，因此，影视服装所承担的叙事特性就会发挥很大的作用。能够达到无论在服装的款式演化和色彩节奏等都能够多角度、多侧面、多义性地塑造人物、展现人物命运、表现故事的发展。例如在影片《教父》（*The Godfather*，1972、1974）中，故事描写黑手党家族的恩恩怨怨历经几代人，在时间跨度较长，影片的叙事手法也是前后穿插。这时服装在其中起到相当大的作用。观众能根据演员的战前、战后的服装清晰分辨出叙事时空转换和情节穿插。

《教父2》中在意大利，第一代教父维托和他的母亲

《教父2》中少年维托在去往美国的船上

《教父1》中在意大利生活尚未成为第二代教父的迈克

《教父1》中鼎盛时期的教父维托

《教父1》中维托与迈克最后一次交谈

《教父2》中维托死后，迈克成为第二代教父

《教父》中，服装是解读时间的线索

影视剧中的服装有时直接参与叙事，起到推动情节发展的作用。影片《老炮儿》中的六爷（冯小刚饰）在最后的决战前，六爷凝重而庄严地换上一件珍藏许久的五五式军绿色将校呢大衣，将大衣领子翻起，手执一把日式军刀。这样一件服装有着相当深的含义：在20世纪60—70年代，将校呢军大衣只有相当级别的军官才会配发，是军队高干子弟的标志物件，是那个特殊年代被年

轻人向往的服装，象征着自尊、荣耀与特权，但它显然已经是过时之物了。当不服老、不认怂的六爷举着军刀踉踉跄跄冲向象征“新生代”的小波一干人马最终倒地不起时，就宣告了堂吉诃德式的骑士已被历史淘汰了，也象征着曾经被六爷这一带人所珍视的价值观已经轰然倒塌。

《老炮儿》中六爷换上珍藏已久的五五式将校呢大衣

四、功用性

影视服装是为影视创作服务的，其根本属性是表演服装，因此影视服装除了具备生活服装的各种性能外，它还具有为影视作品拍摄所需要的一些特殊的功用性。

1. 适合演员的表演动作要求

影视服装的功用性首先表现在要为演员的表演服务，能满足演员表演的要求。很多影片有特殊的动作设计，服装必须要与这些动作相适应，要保证演员在演出时能够无阻碍地做出表演动作。比如影片中有打斗、战争、舞蹈、追逐奔跑等动作幅度较大的情节，服装在设计和制作上必须要考虑到适合这样的表演要求，要考虑在款式上适合动作，以及在服装制作工艺上，在牢度等方面考虑与这些表演动作相适应。

如影视服装设计师伊迪丝·海德为《彗星美人》（*All About Eve*，1950）女主角贝蒂·戴维斯设计的服装，戴维斯在试装时突然摔倒在地，大家以为她被大头针扎到或者是突然病发了，其实是影片中有一场戏需要她摔倒，她是在试试看那条裙子行不行。所以当片中或剧中有大动作表演的戏份时，设计师应该请演员提前做试穿，以检验设计和制作是否满足表演要求。

还有些表演需要服装来衬托表演动作的美感，尤其是有舞蹈等要营造动态美感的动作时，服装的设计要满足这样的烘托动作美感的要求。《卧虎藏龙》中，李慕白（周润发饰）在竹林比剑那场戏中形体姿态优美，令人难忘。李慕白的那件长衫无论在他飞动中还是静止站在竹林上，风摆衣袂，飘逸灵动，表现了一代大侠潇洒高洁的精神，那件长衫就是设计师叶锦添在传统的长衫之外又在胸前和背后加了一层衣片，使得演员表演时更加飘逸洒脱。这并不符合那个时代的穿着方式，但却非常好地表现了人物，也很好地配合了表演动作的要求。

《卧虎藏龙》中李慕白身穿加了衣片的长衫，潇洒飘逸

设计师吴宝玲在设计徐克导演的《青蛇》时，导演想要传统的京剧风格，片中有舞剑等动作，设计师在设计时充分考虑这些动作要求，结合影片风格和人物的刻画，选用多层薄型绸纱做服装，最终在影片中呈现了极为优美灵秀的视觉效果。

《青蛇》中灵动柔美的京剧意味造型

在一些古代战争戏中，金属或皮质铠甲沉重、笨拙，会对演员的动作表演有很大的限制。为了让演员能够充分地进行动作表演，会用轻型材质替代金属或皮革，以方便演员的表演，实现一些特殊动作或困难动作的表现。当然，有时为了表现动作的真实，不用替代材料，这些是根据导演要求和动作设计要求来决定的。在某些特殊情况下，为了更好地体现表演动作，会对服装结构做必要的改变，以适应表演动作，更好地满足表演要求，达到理想的拍摄效果。

《荒野猎人》中演员在极为艰苦的条件下进行表演

2. 对演员的保护

影视服装在某种意义上说，是演员工作时的工作服装，在塑造角色、辅助表演的同时，也必须注意对演员在表演过程中的保护。这种保护包括对身体的保护和心理的保护。比如服装要考虑拍摄环境的条件，如果气温过低，就要在不破坏整体造型的基础上给演员增加保暖措施。在一些特殊戏份中，如高温或极端环境下对演员身体的防护。在打斗戏中，为避免演员身体受伤，也要根据动作设计，对服装进行特殊处理，加强保护的功能。如《荒野猎人》(*The Revenant*，2016）在极为寒冷严酷的环境中拍摄，

《荒野猎人》拍摄现场，演员在寒冷条件下表演，需要做保暖保护

为了应对严寒，服装设计师不得不使用了带有电加热功能的布料，以确保演员在演出时不被冻僵。

还有一种保护是对演员心理安全的保护。如有的戏份要求演员穿着过于暴露身体的服装进行表演，这时就要采用保护措施，对演员身体器官做保护、打底，避免暴露，让他们在表演时不会因为担心某些部位的暴露而产生表演紧张感，让他们有心理安全感，可以演得舒服、演得安心。而这些保护要进行精细设计安排，既能保证表演和拍摄，又不能在镜头面前被表现出来，即不能在镜头中穿帮。

3. 以假替真

很多时候，为了影视创作和拍摄的需要，影视服装中的一些材料会被其他材料替代，并对替代材料进行精细加工，使之呈现出逼真的视觉效果。如有时在成本预算的限制下，某些极为昂贵的材料需要用价格低廉一些的材料来替代，而这种“假”材料需要进行处理，使它的外观呈现逼真效果。这种情况还多出现在科幻和奇幻类题材的影视作品中，片中表现一些现实生活中不存在的材料，服装设计师则要用替代材料将其表现出来。

如电影《指环王》中的锁子甲是将直径为两厘米的聚氯乙烯薄片做成很细的细条，然后由四名专职工人用大约一年的时间把它们横切为一千两百万个胶环，编成一百多件看起来极其真实的锁甲，之后在上面喷上金属漆，这样看上去有金属的质感，拍摄效果十分逼真。

《指环王》中用替代材料制作的锁子甲

由于要考虑到一部影片的制片成本，不可能也没必要都用真材实料的东西来拍摄，尤其是当真材实料成本比较高的时候。一个成千上万人的古代战争场面，如果都用真的盔甲来表演，那服装的制作成本就会相当可观。目前，国内外很多影片都是用以假替真的办法来解决的。中日合拍影片《敦煌》中的官兵盔帽、铠甲，都是用塑料、玻璃钢、纸夹柱等工艺，经过表面的肌理仿真处理，做成历史上青铜、铁皮盔甲的样子，达到以假乱真的效果。

《敦煌》中以假乱真的盔甲

还有就是演员表演的要求，如金属铠甲、头盔等服装服饰过于沉重，穿着真实金属材料的情况下，演员在表演时比较难以做出大幅度、快速度的激烈的动作，因此常用替代材料来进行制作，以减轻重量，便于演员表演。

五、商业性

在当今社会，影视作品对社会生活和社会文化有着广泛的影响力，这种影响力使影视、时装与商业有着天然的联系。影视带动时尚潮流，时尚潮流也影响着影视，呈现错综复杂的关系。

美国《时尚》杂志曾提出过这个问题：到底是时装影响了电影，还是电影影响了时装。影视与时装如影随形，影视在行使其传播文化作用的同时，造就了服装的流行。服装的流行又将影视的内容镌刻在人们的记忆中，服装加强了影视的艺术效果，影视推动了服装的流行与发展。

自从 1895 年电影诞生以来，影视服装经历了一段从无足轻重到举足轻重的艰难历程，曾经有一段时期，服装在电影中并不十分重要，在早期默片时代，演员们的衣橱里仅有一些适用于当天拍摄的简单服装，如晚礼服、备用服装、宽大的睡衣等，那时影视服装设计是无足轻重的，还没有专门的服装设计部门，很多演员甚至要自备服装。在格里菲斯 1915 年的影片《一个国家的诞生》（*The Birth of a Nation*）里，演员丽莲・吉许的服装都是由母亲为她设计并亲自缝制。很快制片公司便意识到了服饰在电影中的重要作用，到了 1919 年，由法国设计师保罗・伊里巴 (Paul lribe）参与设计的派拉蒙影片《男人与女人》，第一次将“服装设计”列入了演职员表。此后，服饰设计成了电影工作中不可或缺的一部分。

而今，好莱坞不仅已经与时尚行业紧密地结合在一起，互相推动、互相影响，而且渐渐渗透到大众的日常生活当中。从 20 世纪 20 年代起，电影开始成为时尚传播的重要窗口，而明星们则成为了设计师们最好的时装模特，引领着时尚潮流。

著名时装设计师伊迪丝·海德为好莱坞影星奥黛丽·赫本在《罗马假日》（*Roman Holiday*，1953）中所做的形象设计，就是一个成功的范例。《罗马假日》创造了一种简洁大方而又不失雅致的风格。女影迷们开始把自己与奥黛丽认同为一体，模仿她的“赫本头”和样式类似于男式的白衬衫，长而舒展，附着腰带的斜裁圆裙，以及平底的便鞋。塞西尔·比顿在《时尚》杂志上写道：“毫无疑问，奥黛丽·赫本的形象是相当成功的。因为她将今日时代的精神具体的表现出来……彰显出她独特的个性，是新的时代思潮的最佳范例。第二次世界大战前，没有人这样打扮，但现在则有成千上万的人都在模仿她的穿着。”

《罗马假日》中奥黛丽·赫本的造型

互联网快速发展的这些年，随着媒体传播方式的发展，商业模式越发向多元化发展，这使影视服装的商业性更显活跃而蓬勃。

1. 时装推动电影的商业收益

国外很早就有高级服装品牌和服装设计大师与时装片进行合作的传统，时装设计师也受邀直接为影视剧设计服装，以优秀的时装设计成功引起服装的流行，为影片的成功增添砝码。如电影《蒂凡尼的早餐》（1961年），幕后大师：Hubert de Givenchy；电影《白日美人》（1967年），幕后大师：Yves Saint Laurent；电影《了不起的盖茨比》（1974年），幕后大师：Ralph Lauren；电影《第五元素》（1997年），幕后大师：Jean-Paul Gaultier；电影《时尚先锋香奈儿》（2007年），幕后大师：Karl Lagerfeld；电影《汉娜》（2011年），幕后大师：Giorgio Armani，等等。这些世界顶级服装设计大师，有的是多次参与电影服装的设计，他们为影视服装注入了时尚的因素。

《蒂凡尼的早餐》设计师纪梵希（Hubert de Givenchy）设计的经典造型

电影越来越大规模地影响着时装潮流，越来越多的导演不惜巨资打造戏服。随着这种牵手的频频成功，服装和电影双赢的默契，被纳入艺术与商业高度结合的影视行业里来。流行是服装消费的特征，可以这样说，电影不停在制造和推动流行。经典的电影往往能影响时装潮流，而明日时尚的脉搏也跳动在电影明星的华丽衣服上。

如伍迪·艾伦导演的，于2013年上映的影片《蓝色茉莉》(*Blue Jasmine*, 2013)，片中由凯特·布兰切特所饰演的失婚名媛从富足奢侈生活的天堂掉入凡间。该片的服装使用了多个奢侈品牌，设计师选择了优雅的金棕、驼色、淡粉、浅蓝、奶白为整体主色调的服饰，与主人公的身份形象相辅相成。身为名流太太时的女主角从不重复地更换着衣服和珠宝配饰，为观众展示着上流社会的奢华。当女主角遭遇变故之后，她的形象依然优雅光鲜，但却反复穿着几件旧名牌衣服，其中一件是去干洗店洗过多次，已经被洗软化了的香奈儿定制外套，还有一只伴随她整个落魄生活的旧爱马仕手袋。变故前后服装造型的对比完美地表现了一个爱慕虚荣、品味绝佳却无法接受生活落差的落魄贵妇形象，所有服装道具与剧情交相呼应，让观众记住的是电影的整体，而不是某一件华服。剧中出现的大量奥斯卡·德拉伦塔、卡罗琳娜·埃莱拉的奢华服装，将女主角过去的生活清晰地描绘出来，她怀念过去的一切美好与奢靡，但如今却物是人非，为了表现这样的境遇，服装师甚至将肥皂抹在香奈儿定制外套上以软化掉它的材质，使这件衣服细腻准确地表现了人物内心的傲慢和生活打击下的脆弱。

《蓝色茉莉》中没落富人茉莉的造型

在这样品牌与电影的结合中，虽然片中启用奢华的名牌服装，但都没有与人物的设定脱离，而是用以烘托人物的身份和境遇等，在这样的合作中，一定要避免生硬地搬用大牌服装，背离人物的塑造。

2. 电影带动时装的潮流方向

时装通过电影占领粉丝们的心的同时，时装也透过电影来寻找灵感，引领潮流，使影迷变为时尚流行的追随者。在 20 世纪 80 年代，有一部轰动一时的港剧《上海滩》，周润发“酷”中带沧桑的形象让多少少女如痴如醉，剧中男主角许文强身穿宽肩一粒扣呢子宽肩大衣，搭配白色长围巾，这个形象，曾经在 80 年代引起全国青年效仿的“狂潮”。当时的中国正处在改革开放时期，年轻人对这样帅气潇洒的形象简直就是狂热喜爱。

《上海滩》中许文强大衣配白色长围巾造型

《花样年华》《色·戒》《阮玲玉》《意》等年代电影中的造型并非现代时装，却先后在全球掀起一股中国风、旗袍风，片中优秀得体的服装设计成为电影的亮点。《花样年华》中张曼玉饰演的苏丽珍；《色·戒》中汤唯饰演的王佳芝；《阮玲玉》中张曼玉饰演的阮玲玉；《意》中陈冲饰演的玫瑰，这些经典的人物风格为观众提供了一种独特的审美模式，让其在观影时不自觉地化身为剧中人物，以衣入戏，灵感涌现，它们的时尚和剧情相辅相成，也塑造了在观众心中留下莫名情愫的经典人物形象，这便是将时装融入电影的最好层次。

多部影片中的旗袍造型

3. 时装品牌的商业运作

电影电视剧制作方与时装品牌进行合作，以品牌带动票房和收视，以影视影响力促进品牌发展。实现双赢。《穿普拉达的女王》（*The Devil Wears Prada*，2006），安妮·海瑟薇和梅丽尔·斯特里普扮演的角色，可谓大牌傍身，引起全球时尚人士的热捧。整部影片时尚气息浓烈，GUCCI，PRADA，VALENTINO，Ralph Laruen，CHANEL，Vivienne Westwood，Calvin Klein，Lewin，MiuMiu，John Galliano，Marc Jacobs，FENDI，David Rodriguez，Dolce & Gabbana，Oscar de la Renta，这些世界顶级大牌都踊跃地参与这个名牌大聚会。单是米兰达（梅丽尔·斯特里普饰）的服装就有六十多套，充分展示了奢华之下时尚魔头本色，又一次掀起了人们对于时尚、对于奢侈的关注。全部戏服总价值超过 100 万美元，事实上，服装设计师 Patricia Field 的服装经费其实只有 10 万美元，片中出现的衣服大多是向品牌借来的。这些顶级时装品牌的参与，使得这部影片一度成为时尚宝典。

《穿普拉达的女王》成为时尚宝典

《穿普拉达的女王》中安德丽娅·桑切丝身穿奢侈品服装的造型

再如服装品牌与电影的结合较为成功的都市题材影片《北京遇上西雅图》，该片与女装品牌宝姿 PORTS 合作，女主演汤唯身穿宝姿品牌的服装，片中没有出现明显的品牌 Logo，也没有刻意地植入品牌广告，宝姿的服装在片中出现得自然流畅。在宣传方面，宝姿也不遗余力地推广这部影片，这样的合作在目前国产时装片中算是一个不错的榜样。

当然，我们这里举的例子都是成功的案例，这些影片把时装大师、时装设计、品牌风格与人物非常好地结合起来，成功塑造了人物，同时取得商业成功。但就国内外电影市场看，也有很多不成功的案例，有些影片片面追求商业与票房，强行为影片和剧作打上“时尚”的标签，为奢华而奢华，浮夸的视觉人物表现，和人物设定没有什么关系，脱离人物设定，不顾人物特性，生硬植入品牌，或脱离角色安排时装和华服，结果就是双输。中外都不乏这样合作失败的案例，重金打造之下的流行华服并没有能成功地引起流行，也没有能够促进影片上的市场成功。

《北京遇上西雅图》中女主角身穿宝姿品牌服装

值得注意的是，观众喜爱影视服装的前提是，首先喜爱影片中的人物，之后才会将情感投入到剧中人的服装上，如果没有成功的人物塑造，想要以华服获得观众的追捧那是不可能得到的。

《北京遇上西雅图》中女主角身穿宝姿品牌服装

第二节 影视服装的分类

影视服装有着自己的特性，在分类上不同于日常生活装的分类，有着自己的分类体系：

一、按人物属性分类

以性别分：男装、女装；

以年龄分：婴儿装、幼儿装、儿童装、少年装、青年装、中年装、老年装；

以职别分：学生装、工人装、干部装、军人装、警察装、学位服、宗教服装、服务职业装、特殊职业装等；

以戏份分：主演服装、配角服装、特约演员服装、群众演员服装；

以民族分：汉族服装、少数民族服装（包括中国所有少数民族）。

二、按时间线索分类

以季节分：春装、夏装、秋装、冬装；

以时代分：古典装——清代以前（含清代）；

年代装——五四运动至新中国成立 1919—1949 年；

现代装——1949 年至今；

以时期分：民国时期、中华人民共和国成立初期、“文革”时期、改革开放时期等。

三、按民族性分类

西式服装（近代从西欧传来的服饰）；

中式服装（中华民族的传统服装）；

民族服（广义上指世界各国独具特色的“国服”，如日本的和服、印度的纱丽、韩国的韩服、阿拉伯的袍服等）。

四、按影视题材分类

古装、年代装、时装、戏曲装、舞蹈装、童话装、神话装、科幻装等。

五、按服装属性分类

以功能分：内衣、外衣、休闲服、礼服、睡衣、防雨服、工作服、铠甲装等；

以穿着部位分：上衣、下装、冠帽、鞋履、手套；

以材料分：纺织面料服装、皮革服装、裘皮装、金属铠甲装、非服用材料装、特殊材料装。

六、按拍摄职能分类

表演服装、道具服装、备份服装、备损服装。

七、按来源分类

设计定做服装、采买市售成衣服装。

思考题

1. 影视服装与生活服装有哪些不同?
2. 影视服装有哪些特性?
3. 你如何理解现代影视服装与商业流行的关系?

第三章 影视服装的风格类型

影视风格的类型实际上是个比较模糊的概念，是以不很正式的方式发展出来的，分类的方法完全不似科学家在科研体系所做的分类那般严谨。早期电影的分类是由电影工作者、电影公司老板、影评人及观众，以方便创作、发行、推广、销售、评论、交流等目的需要，而逐渐形成分类体系的。类型是基于电影工作者、影评人、观众之间的默契而存在的，类型的概念也不是刻板不变的，随着电影电视艺术形式的不断发展，类型的种类越来越多，越来越细化，一个类型下的分类也越来越多，所以“类型”只是最常用来区别电影的方法。由此可以说影视服装风格的类型也是一个比较模糊的概念，而进行这种分类的主要目的有：为了创作的需要，方便在创作过程中，参与创作的各方就艺术风格及创作方法进行交流；使服装的设计更好地与影视的风格相融合；也方便观众更好地理解和欣赏影视作品的艺术主题。所以在这样的影视文化创作和传播的要求下，我们有必要将影视服装进行风格类型划分。当然这种分类是关于影视服装风格的大体划分，与电影类型的划分方式并不相同。

第一节 风格分类

一、按影片题材内容分类

古典类——通常指古装片。在中国史上是指1840年（鸦片战争）之前（这里面也划分为远古、上古、中古）在影视服装创作上，基本上以清朝结束为止点。

现代类——中国史上分两个时期：近代：1840—1949年（鸦片战争至中华人民共和国成立），也就是通常说的“两半社会”，现代：1949年中华人民共和国成立至今。

在国内电影行业内，习惯将1911年辛亥革命到1949年中华人民共和国成立这段时间的题材影片称为“年代戏”；中华人民共和国成立至今的题材影片称为“当代戏”。

幻想类——描述非真实世界的故事内容。此类题材内容可细分为：科幻类、奇幻类、魔幻类。在每个分类别下还有很多细分的类别。

二、按表现方法分类

1. 写实风格

写实风格注重表现历史与生活的真实和可信感。这类影视服装创作的核心精神是再现真实，这里的“真实”是指社会历史面貌的真实和社会生活的真实。这类影视服装具有纪实性、逼真性的特点，主要原则要求“按照生活的本来面貌描写生活”，并且通过艺术的典型化，揭示生活的本质。它更注重形貌的真实感，重在形似。写实风格的造型设计在古典题材影视剧中多见于名著改编剧、历史剧、正剧等，在现代题材中多见于表现现实生活中真实的人们，通常取材于现实生活真实发生的故事，按实际生活固有的样式来再现和表现生活。无论是历史题材还是现代题材，重在表现历史的真实和可信感，具有历史时代的鲜明烙印，从而逼真地展示历史时期的社会风貌和人物的精神风貌。

2. 写意风格

写意风格注重形式美感，强调以意写神。为了对应“写实”这个概念，在影视服装风格的描述上引用了与“写实”相对应的“写意”这个概念。写意原本为中国画中的绘画技法，是指通过简练概括的笔墨，着重描绘景物的意态神韵，注重神态的表现和抒发作者的情趣，是一种形简而意丰的表现手法。影视服装的写意风格是指当一定的形象比生活的还原更有符号价值的时候，通过象征、比拟、抽象的手法使人物的形象更诗化，重在刻画人物的内在，也更注重形式美。写意的服装设计重在刻画人物的内在和形式美，强调以形达意。不追求“形似”而追求“神似”是写意的精髓。

3. 虚实结合风格

虚实结合风格在“实”的基础上，合理运用写意的设计理念，强调“形”与“意”的结合。这是在“实”的基础上，合理运用“虚”的设计理念，使人物形象既符合真实，又不拘泥于真实，结合写意的设计手法，以表达人物精神的真，表现形式的意念之美。这种设计往往更能够符合现代社会的审美观，在观众中也比较容易得到广泛的认可。

第二节 类型及风格

影视服装的写实设计风格、写意设计风格及虚实结合，在影视创作中有着不同的运用和表现。选择用什么样的设计风格是与影片的艺术风格紧密相结合的。作为视觉形象主体的人物服装在影片风格的塑造及视觉风格的呈现上，起着非常重要的作用。服装风格与影片风格相辅相成，影片风格规定了人物的服装风格，反之，人物的服装风格也影响着影片的风格。

一、写实设计风格

写实风格的设计在古典题材即古装片中的设计方法与现代题材片有所不同。这是因为古装片所涉及的历史时代已经离我们现代生活较为久远，在设计时要依靠历史资料进行研究分析，力争去模拟历史风貌，但无法做到真正意义上的还原。即使设计者本着如实"复原"历史真貌的意图，但是由于记载资料的缺乏，并且服装与面辅料的纺织技术、染色技术、加工工艺和制作水平的不同，也无法真正做到复原。因此，古典写实风格指的是设计精神的力求写实。现代写实风格则是能够做到如实反映现实生活，做到真正意义上的真实。

1. 古典写实风格

写实的服饰造型就是指以还原的手法来表现某一历史时期的人物服饰，模拟当时的着装打扮，力求逼真的再现，重在表现人物形象的真实性和可信性。

古典写实风格的造型，通常用于对反映真实历史事件的题材，剧中的主要事件、主要人物都是有史有据的。这类历史题材要遵守历史主义的原则，因此影视中角色服饰要有历史的可信性和真实性，要具有历史时代的鲜明烙印。这就要求忠于历史事实，力争逼真地展示历史时期的社会风格和人物的精神风貌，通过逼真、形似的设计来获取观众的信任感。

写实的服饰造型艺术魅力在于它尊重历史，符合某历史时期的人物形象，符合人们观念中业已成型的人物角色的设定，容易为观众所接受。也就是说，写实风格的人物造型容易满足观众的心理预期，容易获得认同感。

《投名状》中写实的服装款式造型

在进行古典写实风格的设计时，服装设计师会大量参考当时的历史资料，注重真实性表现，寻找符合历史真实的服装款式、材质和装饰纹样等元素，每个设计细节会加以考证，以保证尽量符合历史记载。其设计核心精神是“还原”。这样的设计会使观众观看影片剧作时感受到历史的厚重与真实。

电影《投名状》就是一部人物服装遵循写实风格的作品，影片中不论是盔甲还是官服的设计，都可以看出设计师仔细研究过清朝服饰特点，同时还极佳地衬托出了电影的悲壮氛围。片中清朝的官员服饰款式颜色和表现品级的补子都准确无误，土匪的粗布破衣，土匪头和部下的衣服也做了细致的区分和真实的描述。无论在款式还是在材质、颜色和制作工艺上，都尽量展现历史风貌，体现了凝重悲怆的历史气氛。

陈凯歌导演的《荆轲刺秦王》，也是在复原历史上下了功夫，每个人的服饰、每个人在不同场合的装束都经过分析。官员的服饰文武分明，款式、颜色古朴准确，都很准确的复原了历史。平民百姓蓬乱的头发，脏乱的装束，粗糙的衣服质感，都让人感受到历史的真实感和人物所处的生活环境的气氛。

《投名状》写实的服装工艺细节

《投名状》写实的服装战场气氛效果

《荆轲刺秦王》写实风格的服装造型

《末代皇帝》（*The Last Emperor* ，1987），这部由外国人拍的中国历史影片，更加小心翼翼地忠于着中国的原汁原味，通片的用色几近完美，达到相当高的境界。影片中准确地展示了宣统帝的服饰，有朝服、吉服、常服、行服，以及后宫的后妃、太监等人物的诸多宫廷服饰。在妆容方面也力求真实，开篇皇太后驾崩前立小宣统皇帝那场戏，惨白的面妆加上一点鲜艳的唇红，配合华丽的盛装，视觉效果骇人，这个妆容也是很写实的。满族贵族女性的化装很独特，是满族的传统风格，用白铅矿矿石研磨成的白粉，把脸抹得雪白，唇部用鲜艳的唇彩精细描绘出下唇小小的唇形，影片中如实反映了这样的传统特色。影片全片都保持写实的风格，表现新中国成立后、“文革”时期的服装都非常精准，对这样的严肃的历史题材来说，写实风格是能够获得观众认同的重要表现手法。

《末代皇帝》宫廷服装造型

《末代皇帝》中“文革”时期红卫兵造型

《末代皇帝》不同阶段服装造型

《末代皇帝》中老佛爷的面部妆容

清代满族女子脸部施白色铅粉，朱红点唇的妆容

国外影片中以写实手法表现古典题材的优秀影片有很多，如《另一个波琳家的女孩》（*The Other Boleyn Girl*，2008），设计师桑迪·鲍威尔（Sandy Powell）在这部影片中如实表现了亨利八世时期英国都铎王朝（Tudor dynasty）（1485—1603年）的服装风格。这一时期的服装是文艺复兴时期服饰风格，准确地说是文艺复兴时期的第二个时期德意志风格时期的服饰，影片中对服装的款式造型、面料材质、图案纹样、装饰方法都做了如实的展现，整体配色也很具古典风格，沉稳而华丽，完全忠实于历史。

文艺复兴时期德意志风格的服装样式

《另一个波琳家的女孩》中写实的女装造型

《另一个波琳家的女孩》中写实的男装造型

《另一个波琳家的女孩》古典风格的整体配色，沉稳而华丽

《另一个波琳家的女孩》的服装材料和纹样

古典写实能够把观众带入故事所发生的历史时代，进入影片所设定的情境，这是写实手法的优势，但写实如果运用不当，则容易使人物造型雷同而缺乏新意，引发不了观众的观影兴趣。写实人物造型在设计时应该注意，忠实但不要僵化，以免刻板。

2. 现代写实风格

现代写实风格的服装设计通常用于现实题材的影视片。电影的主题是描绘现代真实的空间环境与真实的人物形象。这些形象多来源于真实生活。现实题材电影的基本特征就是按照实际生活所固有的样式来再现和表现生活；通过典型形象的塑造，揭示社会生活的某些本质规律。现实主义题材电影要体现细节和情感的真实性，用时代的、具体的人生图画来反映社会生活。以塑造现实生活中的“典型”——真正反映各种社会生活层面的、多样化的、具体的典型，以及反映生活的本质规律，以挖掘丰富的而非抽象的人性为宗旨。因此，现实题材电影的人物造型要求设计正视现实、忠于现实并且紧密地结合生活；要求人物直面人生，不回避现实中的美好或是丑陋的人物形象；现实题材人物造型创作上要求其按照客观世界固有的样貌，按照生活的逻辑、真实地客观地反映人物形象，描述生活中已经存在或者可能存在的真实事物，引发人们的思考与共鸣。

此类型人物造型要求真实地反映现实生活，反应现代生活中的真实的人。塑造这样身边熟悉的人物，在服装造型上就更要注重造型的写实性。创作时以诚实的态度“于精微中见广大”，不夸张但又要提炼典型，塑造人物不着痕迹但又要体现人物的精神和心理。通常以真实的细节塑造人物，反映人物的心理、命运或成长。

影片《秋菊打官司》讲述了一位农村妇女为了给丈夫“讨说法”而不停上访状告村长的故事。主角秋菊由著名演员巩俐扮演，巩俐与秋菊的形象相差甚远，如何将这位朴实的农村女性形象刻画得入木三分，造型是非常关键的部分。秋菊生在山里，长在村里，她身上有着从骨子里透出来的乡下人特有的气息。能否把巩俐这样一个国际知名的演员打造成土生土长的村妇，让观众能够相信巩俐塑造的这个性格“一根筋”的村妇，造型可以说是这个影片的制胜法宝。秋菊皮肤黑红，眼神清澈，梳两条麻花辫，一双大脚蹬着厚底大棉鞋。身材壮硕，由于身怀六甲，体态看起来更加臃肿笨拙，肚子的位置衣服下摆已经合不上了。隆冬季节，天气寒冷，孕妇怕受风，所以只要是出门，她就会裹上头巾；衣服穿得也厚，粗布棉袄很有当地特色，两件棉袄叠着穿，里面一件花袄老是露出一截长长的袖口，手缩在袖子里，可以保暖。所有这些细节的刻画，足以将秋菊的人物身份和生活背景交代清楚。设计师佟华苗老师在为这部影片设计造型时，深入观察城乡接合部从乡下进城的农村人，最终以非常典型的细节刻画，很成功地塑造了这样一个典型形象。

《秋菊打官司》中真实而生动的造型

影片《第一夫人》（*Jackie*，2016）讲述的是美国前总统约翰·肯尼迪在1963年11月22日遇刺身亡的前四天时间里，发生在前第一夫人杰奎琳·肯尼迪身上的故事。在这部传记电影中，影迷大呼扮演者娜塔莉·波特曼与一代传奇杰奎琳·肯尼迪有惊人的相似，这其中除了奥斯卡影后娜塔莉·波特曼演技精湛外，更归功于该电影戏服设计师玛德琳·方丹（Madeline Fontaine），她忠实地还原了这位第一夫人当时的服装。在她的打造下，样貌不同的俩人倒有了几分神韵的相似。作为时代符号的杰奎琳，是美国历史上最年轻的第一夫人，也是对时尚最具影响力的第一夫人。她优雅的着装品位是当时美国上流社会女性效仿的典范，一种线条简洁的A字裙套装与同色的圆盒礼帽搭配，被称作"杰奎琳风格"（Jackie-style）。造型设计师玛德琳为了完美塑造第一夫人的形象，在研究上千张历史照片后，剧组专门的工坊团队手工制作了几套最经典的服装，如影片中那件Dior红色羊毛圆领双扣套装，搭配三层珍珠项链，真实地再现了第一夫人的着装风范。在肯尼迪总统遇刺这场戏中，第一夫人穿着的Chanel粉色套装，完全复制了历史上当时第一夫人的那套服装。为了真实还原，剧组找到了当年为Chanel提供布料的那位女士，并由Chanel提供和当年一模一样的饰扣。另一套嫩绿色礼服裙是根据大提琴家Pablo Casals在白宫表演时，杰奎琳·肯尼迪身上所穿的衣服颜色而定的，在配饰上也略有改动。葬礼上身穿服装的轮廓、颜色、头纱，甚至到肯尼迪的儿女，画面完全按照历史真实场景还原。除了手工特制的服装外，设计师专门从巴黎和洛杉矶的古董店选购了几件相对不太重要的礼服，如一件银蓝色丝绸连衣裙，非常符合杰奎琳的时尚特征。当然，剧中也有一些服饰是混合了杰奎琳穿过的不同服装元素制作的，如片中的Dior黑色高级定制晚礼服和红色雪纺斗篷连衣裙，展现出不同于杰奎琳时尚却依旧经典的独特韵味。

第一夫人杰奎琳·肯尼迪身穿"杰奎琳风格"套装（Jackie-style）

《第一夫人》中肯尼迪总统遇刺场景中第一夫人及总统的服装造型
与历史上被刺时刻肯尼迪总统及夫人真实的着装打扮

《第一夫人》中 Dior 红色羊毛圆领双扣套装，搭配三层珍珠项链，与史料完全一致

《第一夫人》葬礼上，服装的轮廓、颜色、头纱，甚至到肯尼迪的儿女，画面完全按照历史真实场景还原

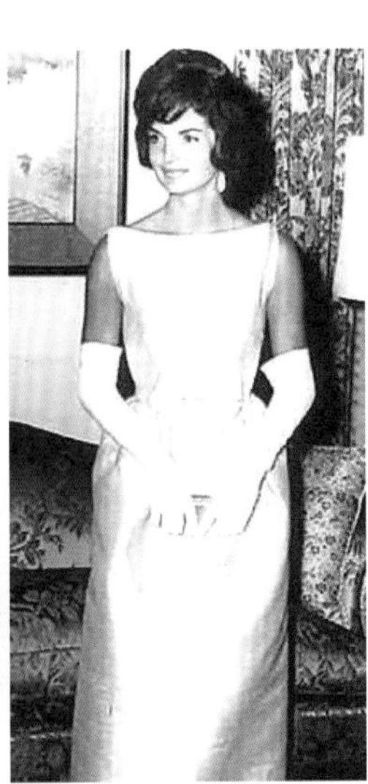

《第一夫人》服装造型与肯尼迪夫人的着装对比

二、写意设计风格

电影的“写意”不像中国传统绘画那样真的泼墨挥洒，而是要在摄影机有形必录的写实空间之外营造一个集含蓄性、虚空感、隐喻性于一体的意象空间体系，以传达影片的“象外之象”“境外之旨”。写意风格的影视服装是这类电影风格的要求下而呈现的，是为烘托影视画面气氛，表达影视作品的艺术精神。这种服装造型的设计在形式风格上见长，表现手法重在刻画人物的内在、心态与精神所在，也更注重形式美、色调美，即体现意象之美。写意的服装造型多见于小说改编的故事和神话传说，以及喜剧电影等题材，其在古典题材和现代题材的作品中，表现形式和风格也有所不同。

1. 古典写意风格

古典写意的影视服装设计手法，通常用于非正史的历史故事、武侠故事、古代神幻故事等作品。这类题材内容不用完全严格对照历史，服装造型可以有着中国古典意味，但更强调形式美感和影片视觉效果。写意的服饰造型在复古的前提下，着重于更好更充分地描绘人物和剧情的意态神韵，使其更好地表达出导演的艺术创意与想法，让影片上升到更高的艺术表现的追求层面。

影片《英雄 》是典型的表意性电影，画面唯美，寓意性极强。影片的服装造型是典型的写意风格，片中的服饰款式、颜色及发式都采用非常简洁的处理方式。片中的服装并没有完全照搬战国时期的历史服装，但它却抓住了它的内在，表达出了战国时代的感觉，就如同中国画的写意手法，用粗放、简练的笔墨却能表达出形象的意态神韵，强化了影片所要体现的思想意境与修为，也使得人物形象更加符号化，更能表现导演的意图和想法，让影片的艺术价值充分地展现在了银幕上。每种服装颜色的设定，都配合画面表现和故事情节的推进，是以色彩来表现个人不同的性格特征和内心的情感。如红色，代表热情，表现煽情、惹人与暧昧，红色创造一切又毁灭一切；蓝色，代表神秘与感情的冷淡；绿色，代表真爱的开始、生命的永恒、自然的根本、和平的向往；白色，代表和平与结束；黑色，代表稳重的心态，象征冷静的思维、帝王的威严、法令的严正。整部影片在服装上表现得如诗如画，表现了作品独特的审美体验和情趣意兴。

红色

蓝色

白色

绿色

黑色

《英雄》人物服装颜色的设定

张曼玉的红衣

张曼玉的蓝衣

张曼玉的白衣

张曼玉、梁朝伟的绿衣

《英雄》中写意风格的服装款式设计

写意的服饰造型设计还常见于由神话传说改编而成的影视作品，此类作品没有很具体的历史年代限制，所以没有必要限定在历史事实中，可以充分发挥设计者的想象力和创造力，主要精力都放在怎么更好地表现出人物角色的性格特征、情感、心理和精神上，还要注重神话中飘逸洒脱的形式美感，怎么去符合观众的审美观。如电影《青蛇》中青蛇和白蛇的写意的服装及发型发饰不仅具有很强的造型感，也为演员的出色表现带来了灵感，使得演员更快地融入角色，更好地体现了她们蛇的本质，表现了她们亦人亦妖的双面性。青白二蛇的主要造型有三种，一是印度风情，二是阿拉伯风情，三也是用得最多的一种是中国京剧青衣造型。整部影片的服饰都以简洁大气的形式出现，加上特技合成的效果，使得影片人物潇洒飘逸、妖娆魅惑，视觉上神乎其神，充分表达出了中国传统神话故事中的韵味。《青蛇》可谓是写意电影人物造型的典范。

《青蛇》中青蛇和白蛇的写意的服装造型及发型发饰

写意的服饰造型更适合于喜剧电影中，既然是为了娱乐，那么历史就只是一种手段，服装造型不必拘泥于历史，夸张、象征、抽象、强化都是喜剧中最常用的手法，空间的转移，时代的交换，现代与古代的同时出现都不足为怪，这就使得服饰的配合至关重要，不受任何时代约束，只为搞笑的剧情服务。

服饰造型有时完全为了娱乐，但更是为了表现娱乐外表下隐藏的精神内涵。在增加笑点的同时，服装也肩负着塑造人物的重要责任。喜剧中的服装造型尽管可以夸张、搞怪，但依然离不开对人物的塑造。《大话西游之月光宝盒》故事穿越各大时空，服饰更是夸张，各种元素混搭，极尽夸张之能事，可谓是得其意而忘其形。但看似花里胡哨的造型之下，每个造型都对人物内在的精神和性格进行了深入的塑造。

《大话西游之月光宝盒》中混搭、夸张的服装造型

《三枪拍案惊奇》的服饰追求东北二人转的风趣、滑稽和幽默感，款式、纹样、颜色及整体造型都有浓厚的传统年画、皮影的感觉，形式色彩上有着浓郁的二人转舞台风格，以追求喜剧效果为主。

写意造型的欠缺在于与史实有出入，与观念中既定的人物形象不符。例如某一著名的历史人物，观众都非常熟悉，他的形象已经深入人心，如果用写意的手法来体现的话，就会和历史相矛盾，与观众心中的人物形象相抵触，不易为观众接受。

《三枪拍案惊奇》中东北二人转风格的造型设计

2. 现代写意风格

现代写意风格是一种意象化的风格，它没有古典写意风格那么具有形式感，在人物造型上则表现为人物形象的突显、夸张、变形与倾诉的诗意。其形象的塑造是符号化、寓言化、象征化的，是“言在此而意在彼的”。人物形象不刻意追求如实反映现实，表现出服装服饰的写意化、现实的寓言化，注重艺术的表现性和抒情性的特点。

影片《天使爱美丽》（*Le fabuleux destin d'Amélie Poulain*，2001）是一部服装上具有现代写意风格的作品，像是一部现代都市童话。艾米丽（奥黛丽·塔图饰）是一个有一点点特别的女孩，从小就活在自己的幻想里，这源自她内心的孤独。从小孩子长成大姑娘，她的造型没有太大变化，白皮肤，大而黑的眼睛，齐耳短发，刘海短到不能再短，眼神永远透着小孩子的好奇和倔强，唯一不同的是，长大的艾米丽有着纯净而狡黠的笑容。艾米丽身上有鲜明的颜色，红、绿、黑，是主要的色彩。红和绿都是纯度很高的颜色，用在她身上却恰到好处，片中几处出现的艾米丽父亲摆在花园里的矮人精灵，身上也有同样的红和绿，这样的颜色似乎总是透露出某种与童话或魔法有关的信息，充满童趣。单纯而丰富的色彩，女孩子式的发型，导演把心中的艾米丽表现得单纯而美好。少女元素的使用：彼得·潘式的圆领毛衣，波点图案衬衣，圆头厚底皮鞋配短袜，这些服装服饰没有特别明显的时代痕迹，但却是典型的少女风格，这样的装束与影片的风格完全融为一体，此片中服装样式和色彩承载了象征与隐喻的任务。

《天使爱美丽》艾米丽身上单纯而丰富的色彩

《天使爱美丽》中艾米丽父亲摆在花园里的矮人精灵

《天使爱美丽》中的少女元素的使用：波波头，彼得·潘式的圆领毛衣，波点衬衣，圆头厚底皮鞋配短袜

《爱乐之城》（*La La Land*，2016），导演达米恩·查泽雷一开始就与服装设计师玛丽·索弗瑞斯（Mary Zophres）达成共识，希望用色彩作为媒介，传递影片想要表达的感情。影片的戏服量非常庞大，光是米娅与塞巴斯汀两人的服装加起来就超过了 50 套，根据记者的粗略统计，米娅一人在片中的换装次数就高达 45 次。起初的色彩是大胆激烈、有棱角的，如宝石蓝、明黄、祖母绿、香芋紫、珊瑚红、紫罗兰；而随着剧情推进及米娅阅历的增加，服装的颜色逐渐偏向成熟系，稳重单一，墨绿、藏蓝、深灰，直到最后黑色小礼服裙和白色大摆舞裙，将米娅和塞巴斯汀两个人的成长和情感之路以充满深情的方式演绎了出来。其服装款式带有复古风格，有 20 世纪 50 年代的风格印记，但这时代风格并不强烈，因为导演是让观众忘记这个故事发生在 20 世纪，忘记时间，忘记地点，只记得一个美妙的梦境。

明黄色

珊瑚红

《爱乐之城》中，高饱和度的服装色彩设计

祖母绿

紫色

纯黑色

纯白色

《爱乐之城》以色彩为写意元素的服装造型设计

电影《杀生》是荒诞悬疑剧，讲述了一群人如何联手杀死一个“不合规矩”之人的故事，剧情奇诡，结局意外。黄渤饰演的“牛结实”是这个为千年古寨长寿镇的镇民所不容的小混混，“敲寡妇门”便是他所做的无赖事之一。电影美术在视觉上做很强的风格化处理，在服装造型上也用了写意的手法做概念化设计，强调整体气氛、戏剧感，使影片在情感处理上于极致疯狂中蕴含深情。服装摆脱故事发生的时间和地域的限制，用夸张的、戏剧感的形式，表现了人物牛结实的精神：从一开始的离经叛道，招惹是非的不正经，到结局时的满含爱意的痛苦压抑。影片用服装造型表现了这些关系：主角牛结实与众乡亲的对立关系、哑女与这个村庄的对立关系、地方官派医生（任达华饰）与长寿镇医生（苏有朋饰）的对立关系。影片的视觉氛围也利用服装造型来烘托：影片前半段喜剧感的牛结实短上衣配红裤子与悲剧结局时候一件色彩和质感都十分沉重的深色长袍服形成了强烈的对比，一喜一悲，情绪饱满而强烈。这也正是写意风格设计在视觉风格、人物情感和心理表现上的优势。

《杀生》的写意式造型设计：黑灰色调中的一抹红色——表达“冲突”“不群”与“叛逆”

《杀生》中夸张的服装造型

电影《寿喜烧西部片》（*Sukiyaki Western Django*，2007）是导演三池崇史和服装设计师北村道子合作的作品。此片是以日本历史上平、源两家之争为背景拍出的一部西部牛仔片。东西混搭、新旧交错，cult 感十足，电影中的造型更是抛开时间和地理的枷锁，以横须贺刺绣等充满着街头味道的服装搭配着传统的日式造型出镜，但你会觉得一切融入的都是那么自然。在影片中，三池以红白二色作为片中平家和源氏各自阵营的识别凭据。但这并非他依样画葫芦、原样照翻旧片，而是有史实记载可考。书中著有“平家所用皆为赤旗，红光映日闪耀。源家则大旗俱白，风吹作响，蔚为壮观，甚鼓其士气”。显著的颜色之分，也是日本红白歌会的由来。在戏谑中有种日式的精致，那种非常精心地刻意营造的凌乱之美，信手拈来的各种元素拼贴，怪异却不突兀。

《寿喜烧西部片》的写意风格服装造型，红白两个家族以配色区分

《寿喜烧西部片》中各种元素混搭的造型

三、虚实结合设计风格

虚实结合的风格是指，在服装设计风格上，不过于强调写实，也不过于脱离历史而全部写意，是一种写实与写意结合的设计风格，即在写实的造型基础上加入写意的创新，在写意的同时又不忽视历史，将历史和创新融合，既保持了历史感又加入时代感，使角色形象更充分，更完善，具更强的艺术效果。

在影视艺术中采用写实性与写意性相结合的服装造型风格，对传统的服装样式进行继承与创新，能够使人物服装在风格上、形式上、装饰上适应现代人的审美追求。这种将写实与写意相结合的方式，造型没有脱离历史，具有一定的历史感，又具有现代审美意向，使观众在情感上更容易接受，既体验到了历史的文化熏陶，又得到了视觉美的享受。至于“虚”“实”，孰强孰弱，度的把握，主要取决于影视剧的整体风格、导演的创作意图、剧情和表演的需要。

电影《绣春刀》系列是典型的虚实结合风格。影片讲述的是明朝锦衣卫和东厂之间斗争的故事。虽是以明代为历史背景，但其故事框架更像借古讽今，是将当代故事打磨做旧，包装出了一个古装武侠的面目，故事内核更像是具有当代的意味。由于这样的故事风格，影片的美术设计和服装设计在发掘明代样式风格的基础上，没有完全拘泥于历史，而是在形式和风格上做了提炼和发挥，在色彩设定、款式造型、结构层次、面料质感、细节装饰等方面进行了突破设计。历史上的锦衣卫是明朝著名的特务机构，掌管刑狱，拥有巡察缉捕之权，下设镇抚司，从事侦察、逮捕、审问等活动。飞鱼服和绣春刀是其标志性打扮，飞鱼服在明朝臣子中是仅次于蟒袍的一种隆重服饰，绣春刀是锦衣卫的标准佩刀。真实历史中，并不是所有的锦衣卫都有资格穿着飞鱼服。不过为了电影效果，造型团队做了一些设计美化，让飞鱼服成为所有锦衣卫的配备，并且针对不同官职，为他们设计了不同颜色、不同造型的飞鱼服。在款式上不同于历史上宽松的剪裁，而把服装设计得精致、修长，很有压迫感，在色彩上也没有按照史料原貌，而是做了突破。在明代《出警入跸图》绘画中，描绘得很清楚，在红色的飞鱼服外罩有锁子甲等软甲，并没有黑色和白色的飞鱼服。电影中的飞鱼服以黑色为主，给人冷酷、嗜杀的感觉，符合影片整体视觉风格。卢剑星（王千源饰）升任锦衣卫百户之后，飞鱼服换成了银白色，与黑色形成强烈对比，视觉效果明显。电影中的飞鱼服与历史上的飞鱼服有很多不同，如电影中的飞鱼服加入了局部软甲，与飞鱼服连接在一起，在肩部、手臂处做装饰性护甲，镶嵌、缝合皮革、泡钉等装护部件等，增加了细节和层次的丰富性，提升了视觉欣赏性。片中还有一些服装服饰也做了比较概念化的设计，以增加对人物的表现力，也更加衬托影片的视觉风格，如，赵公公的大翻领大氅、装饰感比较强的披肩，赵靖忠（聂远饰）作为太监身份所戴冠帽不能是翼善冠，锦衣卫戴斗笠也是与历史不符的；第二部里面魏忠贤（金世杰饰）的服装冠帽也加了创意设计在里面。这些设计虽然与历史实貌有出入，但对于这样的题材电影来说，选用这样的虚实结合风格是无可厚非的，影片呈现的深沉、凝重又不乏凌厉的影调风格，也证实了这样的风格在视觉上有气氛，有冲击力，是一种很有价值的设计探索。

明代《出警入跸图》中描绘的飞鱼服

出土的飞鱼服实物

黑色飞鱼服造型

白色飞鱼服造型

《绣春刀》中的飞鱼服造型

《绣春刀》中，级别不同的锦衣卫飞鱼服有所不同

《绣春刀 2》魏忠贤的服装造型加入了创意的设计

拍摄于 1963 年的《埃及艳后》以惊人的气魄重现了古罗马时代埃及与罗马的一段波涛壮阔的历史，虽然这部耗资巨大的电影最后成为好莱坞电影史上投资最大，同时也是赔得最惨的一部古装巨制，但影片华美壮阔的场面和富丽奢华的服装至今都是电影界为人们所津津乐道的。在这部以豪华场景和豪华服装充斥画面的影片中，服装造型采用的是虚实结合的设计方法，是在整体风格不偏离历史真实的基础上，又加入很多现代设计因素，使得全片的服装造型效果与影片壮阔华丽的视觉风格协调统一。电影讲述的是古埃及托勒密王朝时期的故事，所以在服饰上能看出古埃及托勒密王朝时期的服饰特点。在装饰风格、饰物特点、面部妆容等方面，极其突出地表现了那个时期埃及的风格，但在服装款式上，设计师维托里奥・尼诺・伯纳达（Vittorio Nino Novarese）雷尼（Renié）加入了很多 20 世纪 50 年代和 60 年代欧美社会一些女子晚礼服的款式特点，同时，在款式上为了强调伊丽莎白・泰勒的性感身材，采用了很多低开领口、细紧腰身的设计。在服装面料上，除了使用了一些当时能生产的高品质麻纺织品外，还加入了很多在当时社会并没有的面料。在颜色上虽然有着一些那个时期罗马和埃及的颜色，但也没有完全局限于那个时期的色彩，而是用了很多在当时在染色工艺上无法达到的色彩。可以看出来，这些服装服饰上的设计是为了影片风格而刻意营造恢宏壮美的效果，为了突出演员性感妖娆的美丽身姿，同时也是为了在审美品位上迎合电影拍摄和制作时期即 20 世纪 60 年代观众的审美口味。

由这些例子可以看出，虚实结合的设计风格有着其独特的优势，如果善加利用，可以既营造一定的历史氛围，又可以营造独特的视觉风格。但在虚与实的结合上，必须把握“度”，只有达到虚实相称、虚实相应，才能做到既不死板又不跳脱的均衡的美。

虚实结合风格的《埃及艳后》服装造型

四、奇幻风格

科幻类、奇幻类、魔幻类同属于幻想类影片，这类影片服装及造型在设计风格上多属于奇幻设计风格，因为这样题材的影片对服装设计上的多样性和创造性是最包容的。这类电影从艺术风格上突破常规，塑造一系列超脱现实的形象，进行了大量的夸张或重造，试图把观众带入一个生活中不存在的空间、接受生活中不存在的人物。它可能是久远的、魔幻的历史年代，也可能是超前的、科幻的未来世界，有可能是西方的神冥领域，也有可能是东方的玄幻境界，总之是一个完全脱离现实的时空。

现当代，随着特效制作技术与电影放映技术的突破性发展，幻想类题材的影视创作呈现出前所未有的新活力，视知觉经验的积累与刷新使得人们对视觉奇观的期待与要求越来越高，奇幻人物造型设计已经成为打造视觉奇观的重要创作元素。

作为幻想类电影，尽管故事情节、场景设置与人物大部分往往都是臆造出来的，是现实生活中前所未见的，但是它的出发点还是源于人类生活，最终还是要回归到人类生活中。其隐含的关于人类生命生活的思考，企图改善现代人类的价值观、生命观、世界观，是奇幻类电影最重要的意义。

幻想类作品中出场的人物角色往往种类繁多，造型奇特，形象各异。为这样的题材设计人物造型难度似乎很大，不容易理出清晰的创作头绪。其实冷静分析，无论哪一类型的作品，人物外形的塑造都是反映角色身份与个性特征的重要视觉信息。塑造典型环境中的典型性格，也是奇幻风格人物造型设计的一个重要原则。

科幻类影片，顾名思义即“科学幻想片”，是“以科学幻想为内容的故事片，其基本特点是从今天已知的科学原理和科学成就出发，对未来的世界或遥远的过去的情景作幻想式的描述”。以科学奇想为基础，在视觉上追求令人炫目的奇观，丰富的想象力和视觉的神奇感和未来感是影片的主导视觉风格。

科幻影片《星球大战》系列，人物众多，到目前为止历任共有三位造型指导，但其风格却一直是完整而统一的，其原则就在于每一套服装设计、每一个角色的造型都是从角色本身内质所包含的内容出发，绝地武士的坚定、公主的尊贵与担当、尤达大师的睿智、黑武士的阴暗狠毒，各种外星人或是善良或是邪恶……这些都可以从人物的服装和造型中找到理解人物的线索。如绝地武士和尤达大师穿着棉麻质地的长袍，外形简单流畅，表现他们精神的强大，他们不为追求物质的丰足，不用外形具有威慑力的服装来装扮自己，不惧怕黑暗势力、精神的坦荡和坚定都以这样朴素的装扮来表现。反之，黑武士一身高反光的硬质黑色装束，外披黑色长斗篷，看起来强大而充满震慑力，恰恰反映了他内心的脆弱，要用强悍的外表来支撑自己。影片中每一个角色都能够找到这样的解读信号。整个系列影片各式的人、各式奇特的生灵、各种炫酷的武器装扮和飞行器，从视觉上创造了一个奇异而又真实的未来世界。

《星球大战》系列：造型元素丰富

不同类型的作品呈现不同的艺术风格，每一种造型风格的设计都有其相应的特点和要求，奇幻人物的形象需要在造型的独特性上做文章，但同时，设计师也必须考虑到造型的风格样式与所表现的故事题材、整体的美术风格是否吻合，能否相得益彰。

魔幻类影片是指具有魔幻元素和气质的影片，人物造型设计的主要特征就是形象的超现实、想象创造，以及假定性与逻辑性。虽是虚构的，但有着真实的内核，以逻辑的真实与合理，构建非真实存在的“真实”世界。如《指环王》堪称是一部魔幻史诗。描述了传说中磅礴瑰丽的、与现实完全不同的中土世界，影片中有着不同的族群：霍比特人、矮人、巫师、精灵、人类、魔王、半兽人和巨兽类。每个族群都有不同的外貌和性格，都有总体的设定。服装设计师尼基拉・迪克森（Ngila Dickson）要根据每一个族群习性、特点及生活环境进行服装设计。如霍比特人、矮人族的文化特色与钢铎人或是精灵族有着截然不同的风貌，以总体设定为基础，设计师要为每一种文化设计独特风格的装扮，包括每一个角色穿的戏服，他们的动作、他们戏服的颜色和剪裁，还有他们的武器和铠甲，使得影片虽然结构庞大，角色众多，但视觉形象上分明，族群关系清晰，人物个性鲜明。这不仅有利于交代故事的进展，也与整体美术风格融为一体。

《指环王》系列中各族群有着各自鲜明的造型

奇幻类影片大量的包含魔法、超自然事件或是幻想生物，超现实风格是主要的影片视觉风格。如《爱丽丝梦游仙境》，这类影片的想象力与视觉冲击力为主要卖点，奇异的美术场景、新颖奇特的人物服装造型，再通过电脑技术加以烘托，效果奇异而浪漫。这类影片还有《绿野仙踪》《剪刀手爱德华》《潘神的迷宫》《查理和巧克力工厂》《纳尼亚传奇》《魔镜、魔镜》《西游记》等。对奇幻人物形象的真实度判断不能局限于其所呈现出的外形状态是否具有现实的真实，重要的在于其形象所塑造出的人物性格是否真实。

《爱丽丝梦游仙境》中的奇幻造型

由于幻想类影片给人物造型的设计以极大的空间，设计师可以充分发挥想象，打造各种风格化的服装造型，因此，这类影片会根据影片的题材内容，采用与之相适应的设计风格，多以打造新奇和震撼的视觉效果为追求目标。

幻想类电影的人物服装和造型设计，总的来说就是对电影人物内在逻辑性与外在艺术风格的一种概念设计，并且其奇幻的艺术风格是在一定逻辑指导下形成的风格，没有内在的、合理的逻辑性指导，就不能形成风格。

20世纪90年代由法国导演吕克·贝松执导，布鲁斯·威利斯主演的科幻影片《第五元素》（*The Fifth Element*，1997），主打著名时装设计师参与设计这样一个卖点，打造大胆与前卫的时尚格调。《第五元素》讲述的是200年以后的未来世界，而作为设计界鬼才大师让·保罗·戈尔捷（Jean Paul Gaultier）一向以大胆、前卫与怪诞的风格冲击着时尚界。他的风格给人以超越时空的感觉，非常适合这种需要大胆想象和无限创意的影片。果然，《第五元素》的一炮打响，除了与环境场景和故事情节的引人入胜有关，更因其风格独到的服装设计，成为老套科幻片的最佳卖点。影片中多个角色的前卫大胆的想象和创意设计令人惊奇，女主角莉露（米拉·乔沃维奇饰）的橙色头发加绑带装的设计，在当时那个年代可谓是离经叛道。男主持人浮夸的豹纹装、男反派让－巴蒂斯特·伊曼纽尔·索克（加里·奥德曼饰）的阴冷怪异，尤其是女天外来客的服装给观众带来了一种另类、宗教、反叛、性感的气息，使得整个电影场面充满了科幻的未来主义色彩。

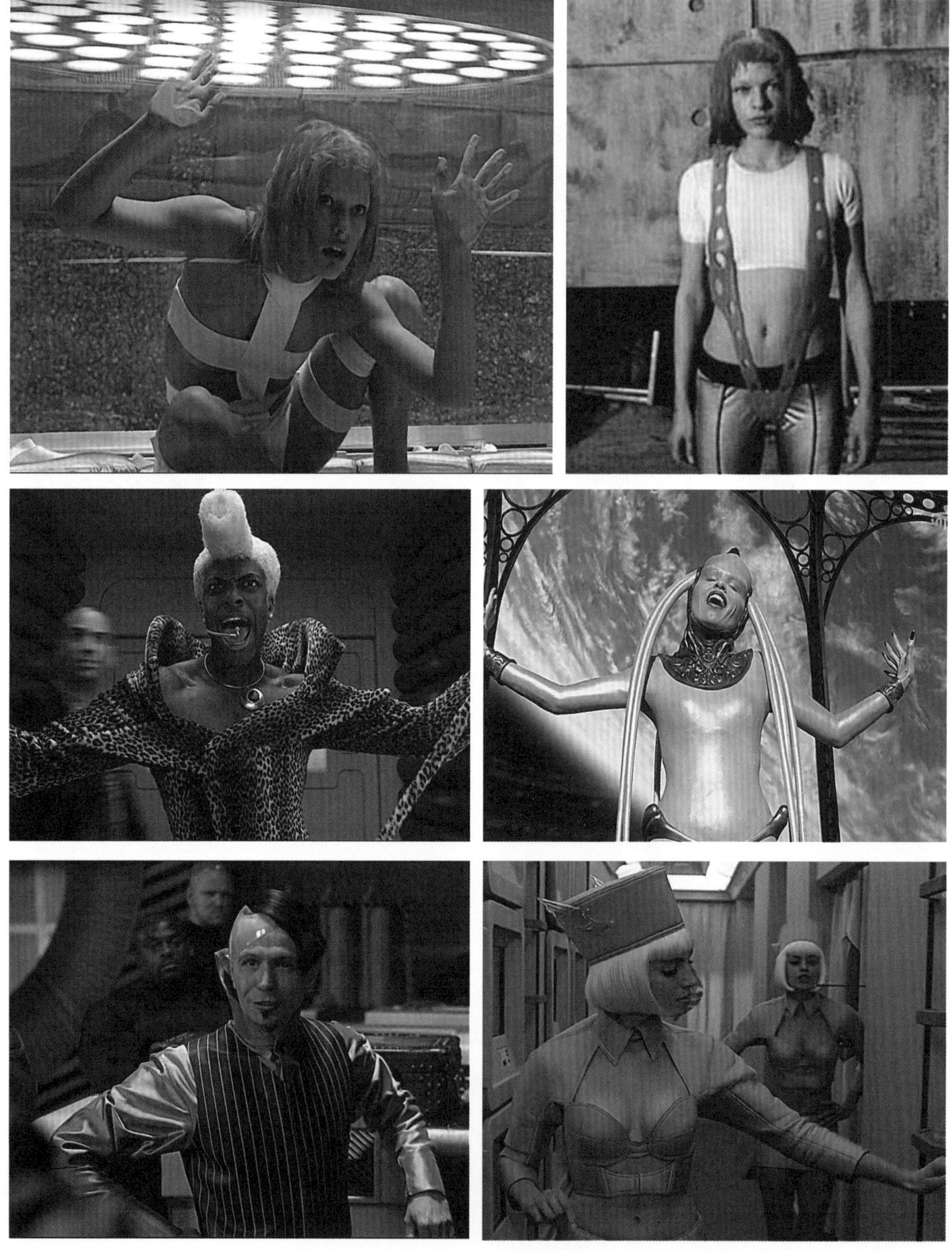

《第五元素》中设计师让·保罗·高提耶设计的前卫大胆的服装造型

如《黑客帝国》（*The Matrix*，1999），影片在人物服装造型风格上，体现出的冷、酷、硬风格，非常有特点。影片讲述的是人类在未来世界为了自我救赎，与智能机器之间展开的斗争，影片以电脑网络为故事发展的主线，高科技是片中营造的氛围。片中有两层世界，一个是人工智能控制的虚拟世界，一个是逃离在外的太空舱里真实的人类生存的空间。尼奥（基努·里维斯饰）和崔妮蒂（凯莉·安·摩丝饰）、墨菲斯（劳伦斯·菲什伯恩饰）这些骇客进入虚拟世界中，就好比从现实空间“上网”的黑客一样，他们存在于虚拟中是一种病毒意义的存在，所以以一身黑色、高科技光面布、人工仿皮、涂层材质长靴、流线型太阳镜等出现，服饰没有一丝暖色调，没有多余的装饰，没有繁多的缛节，全都干净利落，但又有着神秘的魅力，造型冷酷、硬朗，充满坚定的味道。在太空舱时，他们都穿着破旧棉织物的休闲装，也几乎没有明确的色相，这一方面表现在那个状态下物资的匮乏，一方面表现了人的现实生活的味道。两重空间的服装造型风格跨度很大，但除了在视觉风格上，表现出强烈的视觉冲击力，在深层内涵上表现了影片的深沉的哲学意味，创作了优秀的视觉效果。

《黑客帝国》中虚拟空间和现实空间分别有着不同风格的服装造型

《银翼杀手》（*Blade Runner*，1982）是由雷德利·斯科特执导的经典科幻片，描述人类消灭一群复制人的故事，影片融合朋克摇滚时代的所有元素，用一种全新的方式把反叛、未来主义、性爱与摇滚乐等元素具体呈现出来。表现了未来世界那种迷乱、无序、颓废和绝望的情绪。复制人瑞秋（西恩·杨饰）的服饰看来充满好莱坞的古典美，但加上未来主义的风味。佩莉丝（达丽尔·汉娜饰）几个玩偶造型充满颓废、性感又暗黑迷茫的意味。电影中有一幕，一个脱衣舞娘（乔安娜·卡西迪饰）穿着一件透明的塑料雨衣，具有20世纪40年代的魅力舞娘和流莺的味道。这对后来的后现代风格有着深远的影响。片中每个角色都有鲜明的风格，群众演员的服装也非常丰富，都是做了精心的设计，和背景也都非常融合，表现了影片那种混乱、压抑绝望的气氛。

《银翼杀手》中复古、颓废又充满未来主义意味的造型设计

《入侵脑细胞》（*The Cell*，2000）是一部意识流色彩非常强烈的科幻片。剧中的女主角儿童临床医学家凯瑟琳·迪恩（珍妮弗·洛佩斯饰）是进入变态杀手梦境之中的一位心理学家。在电影的开始，女心理医生一身洁白的羽衣出现，服装华美精致，高贵圣洁如天使，晃动的羽毛，飘扬的白纱，高耸的衣领，这些服饰突出了心理学家热爱儿童、热爱生活的个性。当她进入变态杀手的脑细胞却被困其中，其装束妖媚异常：暗红色的颈圈鬼魅神秘，黑色蕾丝紧身裙包裹着玲珑的身躯，十字银制面饰散发着冰凉的金属光泽，这时的她几乎迷失在杀手的梦境里。几次进入杀手的梦境，凯瑟琳显示了不同的身份，分别以女杀手和修女的形象进入到杀手的梦境中，从内心去解救杀手的心灵，全片服装设计呈现了视觉的奇异瑰丽的风格。

《入侵脑细胞》中奇异瑰丽的服装造型

还有风格化的设计理念，如《饥饿游戏》（*The Hunger Games*，2012）的服装主打奢华时装风格，营造“复古未来”的风格，设计灵感，来自于19世纪高级时装，想要给人上流贵族气质，加上明亮的颜色又能有未来潮流感，电影中整个国会简直就是各种时尚潮人的聚集地，一些离谱的彩色假发，夸张的彩妆和眼影，色彩鲜艳的服装，在帽子的设计、指甲的装饰、袖口的夸张和腰部的剪裁上更是凸显出一种不真实的未来感。在《饥饿游戏2》中，甚至直接引用了亚历山大·麦昆（Alexander McQueen）的高级定制服装。以这些时装的华丽夸张，打造未来感时尚。影片的风格分明在告诉观众：未来世界的时尚是这个样子的。

《饥饿游戏》的奢华时装营造"复古未来"的风格

《疯狂的麦克斯 4：狂暴之路》（*Mad Max: Fury Road*，2015），以废土风格的服装和造型，完美表达了影片的末世废土风格，这样强烈而纯粹的末世风格服装设计获得奥斯卡最佳服装设计奖在影史上尚属首次，被电影界称为"破布条"击败了奢华礼服：以全身披挂的脏旧破布条击败了镶嵌了上万颗施华洛世奇水晶而铸造的《灰姑娘》礼服和大量运用蕾丝、丝绒、印花和刺绣的《丹麦女孩》的优雅女装。影片讲述的是在未来世界核爆之后的澳洲，人们为抢夺有限资源，在沙漠中相互厮杀，地球变成了血腥的杀戮战场。演员们在荒无人迹的末世沙漠中上演酷刑、飞车、枪战，以末世求生为主题，既带有粗粝质感，又有诡异的祭典之感。女演员身上缠上白布条，男演员穿着皮夹克，都用做旧的方法使这些服装肮脏且破旧不堪。设计师珍妮・碧万（Jenny Beavan）和服装设计团队受到非洲艺术和澳洲文化的影响，请来拍摄地当地皮制品手工艺人参与影片服装设计和制作。碧万表示："因为有了当地手工艺人的参与，我们的服装设计能更加贴合影片需要。"导演乔治・米勒认为影片是一场"连续的追逐"，台词不需要多少，视觉才是重中之重。这些由破旧织物、废旧金属和烂旧皮革构成的服装，经过效果处理后，基本上没有明显的色相，整体风格和色调与影片那种世界崩坏之后，人性丧失殆尽，世界荒芜无望的基调非常契合，同时也展现了人类在绝望中的坚强和对重生的信心。

《疯狂麦克斯 4：狂暴之路》中末世废土风格服装造型

幻想类作品有其特殊的奇幻特色，但奇幻夸张的造型也必须具备其存在的真实性、合理性。个性的彰显、适度的夸张、合理的结构、风格的统一，每一要点都影响着整体造型设计的成败。一部成功的戏剧影视剧作品离不开造型师对角色外形的精确塑造。奇幻人物虽然有着超常的外表，与众不同的特征，但他们不是面具，不是玩偶，和我们一样，他们也有着完整的容貌、独立的思维、迥异的性情。如同有待于我们创造的演员，虚拟奇幻人物也需要造型师们倾注更多的心力和创造力帮助他们完成更精彩的表演。

由此可见，造型的夸张与变形绝非是盲目的，以服装造型上结构的合理、逻辑性的真实及情感的真实进行创作的造型，才能够被观众接受，才能够确保并增强奇幻角色的可信度。造型结构的合理性是影响奇幻人物造型逼真性的一个重要因素。

无论是什么风格的服装造型设计，内容与形式的关系始终是设计师必须确实把握好的重要核心。无论是写实还是写意，艺术的真实是其根基，它或许是展现生活的真实，或许是展现情感的真实，均离不开“真实”二字。而“真实”是由创作者的真诚所生发的。

思考题

1. 影视服装有哪些风格类型?

2. 写实风格与写意风格在表现形式上有什么不同? 各有什么特点?

3. 虚实结合的设计风格如何把握好虚与实的关系?

4. 你如何理解奇幻风格中的“真实”与“虚幻”的关系?

第四章 影视服装创作的依据和原则

由于影视服装在功能性、审美方式、造型技巧、时空因素等方面所具有的特性，在进行设计创作时有着不同于生活服装设计的创作方法。影视服装的设计是依照影视创作的基本规律，即源于生活，高于生活，从生活中来，又不是对生活的生搬硬套，这要付出相当大的艺术劳动，才能设计出符合时代背景，符合剧情，符合人物身份，并能有助于烘托剧情、营造影视视觉气氛、加强人物性格塑造的典型性服装，从而增强人物形象及影视作品的艺术感染力。

影视服装的创作要根据一定的创作依据，要遵循一定的创作原则，还要掌握造型元素的运用。

第一节 创作依据

一、影片的主题、题材、风格样式

影视服装作为影视创作的重要元素，其核心任务是为了影视作品的创作服务的，从这个角度讲，它必须要与影视作品的创作主导思想、与导演要采用的表现形式相一致。即影视服装的风格和形态必须服从于影视作品的主题、题材和风格样式。

因此，把握影视作品的主题、题材和风格样式，是影视服装设计的最基本要求。

“主题”这个词是一个广义的概念。它可以是影片所表现出来的思想内涵，可以是对情节的简单概括，也可以是笼罩影片的某种情绪，甚至，它只是作者的一点感觉。总之是影片想表达的主要内容和思想意图。不同的创作意图往往决定了电影的不同风格及表现方式，也为观众的欣赏提供了一条线索。通常影片的整体风格要与其主题相应，如《城南旧事》表现的是一种“淡淡的哀愁，沉沉的相思”，其风格显得淡雅清新；而《红高粱》表现的是对于生命的赞颂，其画面就表现得热烈奔放。

电影的“题材”，广义指电影文学剧本所描写的社会、历史生活的领域，如工业题材、农村题材、军事题材、知识分子题材，或现代题材、历史题材、革命历史题材、科幻题材，等等；狭义指经过作者概括、集中、提炼、加工后，编入进作品中的那些生活现象，即表达一定生活和社会现象主题的素材，如环保题材、犯罪题材、都市题材、校园题材、同性恋题材、医护题材、老年题材、运动题材、吸血鬼题材、僵尸题材、仙侠题材等。随着现代社会生活和艺术形态的发展，影视题材呈现多样化和细分化的倾向，题材种类还在不断增多。

“风格”在艺术概念上是指历史上形成的形象体系、艺术表现手段和手法的相对稳定的共同性，这种共同性为艺术的思想内容的统一所制约，它具有多样化与统一性的特征。电影风格即是电影的一种原始基调，是制作电影、鉴赏电影的最基本定位。各种组成电影形式的手法的综合运用，形成了电影的风格，它是组织成该艺术的媒介，是电影技术的表现。一部影片必然有着其主基调。电影风格最基本分为三类：现实主义、形式主义、古典主义。相应的对应三种电影：纪录片、先锋派影片、剧情片。早在19世纪末，电影风格的两端就被标记为：现实主义和形式主义，而处于两端之中的便是古典主义。“现实主义”和“形式主义”是两个相对的概念，这两个名词被用来表述某一部极度倾向这两种风格之一的电影，可是现如今大多所见的电影基本都是二者的混合体，即古典主义。也就是说，很少有电影是绝对的现实主义或者形式主义。影片的风格涉及摄影、剪辑、音响等，某种风格可以运用于任何类型。风格可以由情节结构、场景设计、灯光、摄影、表演，以及其他有意图的成片艺术元素决定。影片类型确认的是影片最明显的内容，影片风格则决定用何方式将这类型呈现于银幕上。影响风格的因素有：景别、影调、节奏、构图、色调、运动等。导演不同方式的表达才是决定电影风格的关键点。

“样式”是指这部影片是喜剧、悲剧，还是正剧等。这是由剧本自身确定的。

此外，确定所要为之设计的影片的类型对电影服装设计师的人物造型设计也是至关重要。每一类型的电影作品各有自身的艺术规则和社会价值标准。在创作过程中各有其艺术语言、叙事时空等方面的不同观念和艺术个性特征。设计师在进行人物服装造型设计时，对不同类型电影形式特征的分析及对构成人物因子的运用，也大不相同。

因为每个电影创作者（主要是导演）的艺术个性、艺术准备、创作动机与创作习惯不同，在创作中一定会对创作力量的分配有所侧重和倾斜，并形成一定的习惯。

例如，同是根据莎士比亚名著《哈姆雷特》改编，劳伦斯·奥利弗导演拍摄的《王子复仇记》（*Hamlet*，1948）与冯小刚导演拍摄的《夜宴》，这两部影片虽然是出自于同一题材，但由于导演设定的艺术风格和艺术目的不同，两部影片呈现出完全不同的风格。

《王子复仇记》讲述丹麦国王暴死，其弟娶嫂登基。王子哈姆雷特知悉父王为其叔所害后，为防不测乃装疯，以伺机报仇。其叔借他人之手用毒剑刺伤了王子，阴谋败露后，王子临死前终于刺杀了仇敌。英国著名戏剧演员劳伦斯·奥利弗将这一英国国粹不伤神髓地搬上银幕。他简化情节，加快节奏，但保留了精彩对白，维系了莎剧特有的诗化风格。影片的造型也保持了戏剧式的舞台风格，改编基本上忠实于原著，奥利弗的这种戏剧电影美学追求最终赢得了观众和专家的认可。影片风格深沉凝重，在整体上颇有时代感和古典美。

1948 年《王子复仇记》中古典稳重的服装造型

冯小刚导演的《夜宴》，导演对原著进行了很大改动，将故事的背景设定在中国的五代十国时期，原著中光辉的、人文主义的、为全人类思考的哈姆雷特隐而不见了，我们看到的是原剧中提供的另一面的阴暗图景，宫廷缠斗、畸形之恋、阴谋残杀、不择手段等在这部电影中大规模地呈现，可以说是对《哈姆雷特》的另一个维度的阴暗面的阐释。整部电影风格“沉郁而忧伤，平静而超然”，服装造型则是用戏剧化的、意象化的表现手法，运用了舞台感和超现实感，追求形式感和东方的诗意化。

《夜宴》东方诗意化的服装造型

二、影视美术风格

电影美术是影片视觉形象造型的基础，以形、光、色等造型手段为影片设计出可供导演、摄影师讨论的蓝图。影视美术是为影视总体空间进行造型设计，组织和设计电影场景空间构成和机构关系，并且设计银幕造型语言内容。电影美术指导是创造荧幕形象的先行者，首先与导演确定影片的类型风格，分析有什么样的造型元素，如何使用这些造型元素。电影美术首先从符合影片整体造型要求，实现导演、美术与摄影三位一体的统一之后进行构思，并要关注造型设计与影片的题材、样式、风格的和谐，规划出影片整体的美术风格。

而优秀影片都会充分利用电影美术的视觉造型能力，赋予各自影片强烈的风格和个性。有时甚至是极致性，颇具颠覆性的视觉造型，如国内的影片：《红高粱》《英雄》《花样年华》等；国外影片：《辛德勒的名单》《鹅毛笔》《戴珍珠耳环的少女》《钢琴师》等。上述影片在形形色色类型片的领域独领风骚，凸显美术色彩造型创作的风格和个性，把影片环境人物的欢乐、喜悦、愤怒、恐惧、抑郁、绝望的细腻情愫都用风格化、个性化的方式以画面造型语言进行有力的表达，使作品在形式与内容上形成高度的统一。因此可以说，出色的美术风格设定对一部影片的成败起着决定性的作用。

美术风格的确定，对整部影片的风格样式起到重要作用。其中最重要的一点，就是将各制作单元统一在一种风格之中。电影美术设计是分管服、化、道、设的领导者和主要创作者，把构成视觉色彩形象的各种元素，体现创作构思的造型手段和技法，同导演和摄影师等密切合作，统一构思，创造出符合影片主题、风格和样式的造型来，为影片的一切视觉提供造型。

人物服装造型，无论是款式造型、色彩色调，还是服装材料的选择都必须要统一在影片美术风格要求之下，不能有任何的出离，要与美术部门其他设计组，共同在设定的风格之下，完成设计和造型工作。因此影片的美术风格规定了人物服装的造型风格，它是影片画面中出现的一切服装服饰的设计依据。

《巴里·林登》（*Barry Lyndon*，1975）是由库布里克导演的一部影片，油画一般的画面，均衡的田园构图、复古的情调与极浅极柔和景深之下，片中所有服装都是从博物馆借来的真实服装，完美还原18世纪英伦风，每一帧都充满着古典主义美。

蒂姆·波顿导演的《理发师陶德》（*Sweeney Todd: The Pemon Barber of Fleet Street*，2007），讲述了一个关于恨的故事，故事发生在中世纪肮脏混乱的伦敦，天空永是灰黑厚重的云层，雷声隐隐，电光闪闪，一幅世界末日的图景。影片风格为典型的暗黑哥特风格：苍白的面孔，永不忘记、永不原谅的仇恨、欺骗都在优雅的舞蹈和咏唱着的歌声中酝酿，喷溅的鲜血和矢志不

《巴里·林登》中如油画一般古典而优美的服装造型

《理发师陶德》中阴郁的哥特风格服装造型

渝的爱情共舞。影片融合了大量哥特元素，阴郁、痛苦、仇恨、血腥、优雅，颇耐人寻味。德普饰演的陶德无时无刻不散发着血腥味与邪恶气息，苍白的脸庞上写着冷酷，深陷的眼窝中流露着无情，紧缩的双眉更让人战栗，一缕白发似乎在讲述着他的复仇往事，造型上的压抑与哥特式气息混合，将本片的暗黑气质完美释放。

《花魁》是日本导演蜷川实花的作品，故事发生在日本江户时期，以艺伎云集的吉原游郭，女主角清叶（土屋安娜饰）自幼被卖入此。初来时逃跑未遂，曾立下“樱树开花就会离开”的誓言。然而到底是天生丽质难自弃，十七岁她已颠倒众生，一路艳帜高张，成为花魁。而其中画面之工丽，造型之奇巧，都深得浮世绘真味。艳而不淫，哀而不伤。这部影片风格就如同女主角一样，有着明艳又凌厉的风格，色彩浓烈却不艳俗，却丝丝入扣，是一部美术视觉风格独特而强烈作品。其中，艺伎们艳丽精致的服饰，极佳地配合与打造了全片的视觉风格。

《花魁》中明艳浓烈的色彩和服装造型

三、文学剧本内容

大部分影视作品都是从文学作品中脱胎出来的，通常是以文学作品——小说或者纪实文学作为文学母体，通过编剧将小说或者纪实文学改编为剧本，剧本就是影视创作的最根本的依据。当然虽然有些导演在创作过程中会脱离剧本，根据拍摄的感觉走，对剧本做修改和调整，这也正是说明导演的头脑中有着一部剧本，有着根本的文本线索。因此，剧本是影视全体创作人员最重要的依据。在影视创作先期视觉化的过程中，美术指导或总美术师协同导演与摄影，将剧本中的文学形象进行分析研究，将抽象的文学形象进行视觉化转换，完成从意象到形象的构造过程，再将想象的形象转换为影视空间造型语言，再以视听元素进行视听影像的构建。在这个过程中，人物服装造型充当着文学形象视觉化的重要承担者。

剧本中的关于人物的描写和刻画，是创作人物影视服装的主要依据。影视服装设计必须按照剧本的需要，深入分析角色的身份、境遇及心理历程，才能使服装造型效果符合剧情而又有真实感。在形象构建过程中，设计师对剧本的研究是否足够深入，对人物的理解是否足够透彻，对故事的推进和情节的展开的节奏是否能够准确把握，这些都会影响到对人物造型的表达是否准确。而对剧本透彻地理解和把握，是创作出能够完全融入电影的服装造型的关键一步。

改编于张爱玲小说的电影《太太万岁》在 1947 年搬上银幕，为张爱玲创作剧本，桑弧执导，播出之后马上引起了观看影片的火热潮流。

张爱玲自己曾说："衣服是一种语言，随身带着的一种袖珍戏剧。"她在作品中对女子服饰的细腻刻画，不着痕迹地将角色的心理、性格、心态这些细微之处叙述得极为深刻，乃至比直接的内心刻画更为出色。这在她创作的电影里尤为突出。

电影《太太万岁》忠实地还原了张爱玲在小说中对人物服装服饰的一些描写，其中影片光是旗袍就有 26 套。每个角色的旗袍根据人物的身份地位和思想观念的不同都有所不同，很清晰地勾画了人物的特性。如太太陈思珍是一名中产阶层妇女，于一个大家族内应酬着每一个角色，拥有古典女子的观念，也拥有极具代表性的世俗女子具备的为人诀窍。张爱玲于《太太万岁——题记》里面亦写道："中国女人向来是一结婚立刻由少女变成中年人，跳掉了少妇这一阶段。"因此，陈思珍一出场就是中规中矩的旗袍和挽在脑后的发髻。在电影《太太万岁》中，思珍的旗袍造型端庄典雅，很好地体现了中产阶级家庭中女主人的风度，值得注意的还有书中老太太穿的是深色底寿字团花旗袍，亦与影片里面老年人过生日的场景相吻合。然后，是思珍送丈夫去机场的人物造型：白色（或浅色）垫肩西式大衣里是深色花纹的旗袍，手套、手拿包、墨镜、白黑相间的高跟皮鞋一应俱全，可见其仍然是一个爱美、追求时髦的少妇。在思珍父亲寿宴上的造型则更隆重些，在解决丈夫与其情人施咪咪的麻烦中，则更显素净，以此两人身份角色亦不言自明，而在与丈夫离婚的一场戏中，其旗袍图案更是思珍所穿旗袍中最严肃的一套。而妹妹唐志琴相对于思珍来说，年纪较小，又是一个受过教育，有文化，追求自由的新一代女性。她既受到我国古典思想的影响，孝顺妈妈，尊重兄嫂，同时，又受到新式文化的影响，对新事物有着强烈的好奇心，向往自由的恋爱，因此，唐志琴于影片里面的穿着表现得更为丰富多彩，既包括古典旗袍，还包括成套的西装，专用的运动装，配饰也变成了发带、小坤帽，以彰显年轻人的个性。

1989 年拍摄的电视剧《红楼梦》，改编自同名著作。这部著作在中国及世界文学史上的地

《太太万岁》忠实于剧本的服装造型

位可称无与伦比，尤其是当中对人物服装、造型、场景的描写非常详尽并极具时代特征。《红》剧以其精美的服装、造型设计与原著的高度一致性；以其精致的制作和对于原作的忠实赢得了观众的喜爱，至今仍是观众心目中无可替代的经典。当然，不是所有改编作品都要如实反映原著样貌，这里所指的是“真正改编于原著”的影视作品，这类影视作品更注重于对原著风貌的忠实，这些由文学著作改编的电影就必须按照原作的描写来设计服装，它们往往能够比较完整地重现原著的服装风貌，并在服装、造型、场景方面取得巨大成功。

再如《了不起的盖茨比》（*The Great Gatsby*，2013），改编于同名小说。片中呈现了大量20世纪20年代风格的华美绝伦的服装，这些设计采用了忠实于原著的设计理念。设计师凯瑟琳在采访中说道，盖茨比一直穿着粉色或白色的西服，而黛西的丈夫汤姆却大多数时间穿着宝蓝色的西服，为什么做这样的选择？是因为盖茨比所有的西装都在书中有着详尽的描写，她只是把书中的描写搬到大银幕上。书中有一段描述，五年后，当盖茨比在小花园中再一次遇到黛西的时候，他穿着白色的西装和银色的衬衫，打着金色的领带。同样的，他的粉色西装在书中提到，并且被汤姆所贬低和奚落。这套小花园中盖茨比穿着的西装，被凯瑟琳在影片中忠实地展现出来。

《了不起的盖茨比》定妆照

《了不起的盖茨比》中忠实于原著的服装造型

由此可见，文学作品和剧本是影视服装创作的最根本的依据。对剧本的理解有多透彻，设计出来的服装才会有多准确。

四、人物中的诸因素

影视服装设计的目的是为了表现人物、塑造人物，因此剧本中关于人物的所有信息都是进行人物服装设计的参照，如年龄、职业、身份、民族、阶级属性、经济地位、心理状态、情感情操、道德水准、心灵美丑、人生命运等，这些都是在将人物文学形象转换为真实形象过程中要把握的依据。这些因素有时是出现在剧本的直接描写当中，有些是暗含在人物的动作、台词、故事发展当中，因此在发掘这些因素时要深入剧本，寻找能够表现人物的因素。

在分析人物中的诸因素时要注意把握以下几点：

首先要抓住人物个人因素，即关于人物的外在表征，也就是要把人物进行定位，这些表征性因素包括人物所处的年代、地域、人物的民族、年龄、身份、阶级属性、成长的家庭环境、所处的环境等。这些元素能够勾勒出人物的基本状态。

《阿甘正传》（*Forrest Gump*，1993）服装设计乔安娜·约翰斯顿曾说："我的目标是要确保能让每个人物通过他们的穿着能准确地说出他们是谁。"在设计阿甘的服装时，从阿甘的人物背景和性格出发，乔安娜从服装的款式、色彩、质料和细节上都做仔细考量，打造了一个令人信服、真实而让人感动的银幕形象。主人公阿甘（汤姆·汉克斯饰）于"二战"结束后不久出生在美国南方阿拉巴马州一个闭塞的小镇，他先天弱智，智商只有 75，然而他的妈妈是一个性格坚强的女性。阿甘像普通孩子一样上学，并且认识了一生的朋友和至爱珍妮（罗宾·莱特·潘饰），在妈妈和珍妮的爱护下，阿甘凭着上帝赐予的"飞毛腿"开始了一生不停地奔跑。阿甘自强不息，最终"傻人有傻福"地得到上天眷顾，在多个领域创造奇迹。乔安娜给阿甘选择了中规中矩的西服，为了让他看起来就是有些呆呆的样子，乔安娜把他西装的袖子和裤子的长度都减掉了几公分，比正常款式要短，这让他显得有些迟钝和木讷。他的那件蓝格子衬衣，前襟的格子并按照一般衬衫那样把左右两边的格子对齐，在制作的时候，特意没有对齐格子，像是小孩子穿衣服扣错了纽扣。他穿着珍妮几年前送给他的耐克运动鞋鞋，经过三次穿越了美国北部的长跑，鞋子已经破破烂烂的了。阿甘为了向珍妮"致敬"，而给它们系上了新鞋带，这让它们看起来很独特，设计师认为这是很"阿甘"式的东西。他的袜子是手织的，仍是他童年时的那种款式。设计师给了阿甘一种一直保持的风格：短领的方格衬衫、斜纹棉布裤子和干净的袜子。其他每个人都在随着流行而改变，而阿甘没有改变，他的衬衫纽扣一直扣到领口，扣得严实板正。这些细节观众在观影的时候不一定会注意到，这就是"将戏服融入电影里"，与人物充分融合为一体，成为人物的一部分。

比如《加勒比海盗》（*Pirates of the Caribbean*，2003）中的杰克船长，人们对海盗的印象往往是凶残、卑鄙、粗野。而剧作中的杰克船长狡猾多智，身手高强，亦正亦邪，不受律法约束；

格子没有对齐的衬衫

短了一截的裤脚和儿童式的手工织彩色条纹袜子

一直不变的格子衬衫

《阿甘正传》中从人物出发设计的人物服装造型

但是又有自己的道德底线，心底深处仍然有着善良一面，有点好面子，又有点小心眼，有点神经质，但是其实很清醒，并不过于在乎财富权利，只是追求自由、冒险与未知。紧急关头，他常有非凡表现，灵光一现，谁都不知道他如何得来这些怪异的解决办法。使用旁门左道，蒙混过关，就是他的最大特长。他眉头一皱，兰花指一捻，讲话有时简单，有时啰唆，从不肯说清楚，像是谎言，但只能相信。这样一个情感丰富、性格怪异的人物要用什么样的形象才能符合观众对他的渴望与认同呢？的确，约翰尼·德普以他特色的烟熏妆、棕红色头巾、长发辫子、一身麻布质感的外衣，以及那两撇个性的胡子征服了观众，穿着的随意正体现了他无拘无束的性格。他的形象颠覆了人们对海盗的惯性想象，刺激了观众的视觉，但他的造型又在观众心中形成了潜意识交流，以至于一提到“船长”人们会下意识地想起《加勒比海盗》中的杰克，他的形象在观众心理扎下了根，深得观众的喜爱。

《加勒比海盗》中杰克船长的经典造型

此外，要把握纵向轨迹的因素。随着故事的推进，人物要经历一定的过程，无论是从外表和内心都会发生变化，服装要把这样的变化表现出来。如《乱世佳人》（*Gone with the Wind*），美国南北战争前夕，南方农场塔拉庄园的千金斯嘉丽（费雯·丽饰）爱上了另一个农场主的儿子艾希礼（莱斯利·霍华德饰），遭到了拒绝，为了报复，她嫁给了艾希礼妻子梅兰妮（奥利维娅·德哈维兰饰）的弟弟查尔斯。战争期间，斯嘉丽成为寡妇，挑起生活的重担。战争结束后，她嫁给了爱她多年的投机商人瑞德（克拉克·盖博饰）。然而，纵使经历了生活的艰苦，斯嘉丽对艾希礼的感情仍然没有改变，但直到梅兰妮去世，斯嘉丽最终才明白了自己真正爱的是谁。斯嘉丽的命运起伏波折，经历了战争的苦难，失去父母双亲，两次成为寡妇，还失去爱女，但性格坚定而执着。影片中的服装丝丝入扣地演绎了她的生活、情感和心理的变化与成长。在战争开始之前，斯嘉丽作为一位天真无邪的少女，她的服装颜色主要是白色与绿色。影片开始时的白色新洛可可风格裙，泡泡袖，有多层花边，系着红腰带，领口和前襟缀着水晶饰扣和细粒小珍珠，精致而富贵，象征了这个时候的斯嘉丽天真烂漫，是个标准的小女孩，像个傲慢的小公主。斯嘉丽参加十二橡树舞会时穿着白底“苹果绿碎花波纹绸裙”，戴阔沿绿绸带草帽，清纯大方，绿白的配色显得很有主见，与她向艾希礼表白感情的戏份非常应和。战争开始，她很快成了寡妇，一袭全黑的服丧裙与瑞德共舞，之后，瑞德送给她一顶绿黑配色的时髦的帽子，给这套黑色丧服增加了一抹浓绿，象征斯嘉丽感情生活的一种强烈的希望。由于战争的爆发、物资匮乏，斯嘉丽的服装由华丽转为朴素。在战争中，最为朴素的便是土黄色布料所制成的长裙，斯嘉丽为了梅兰妮的病去找医生，镜头中昏黄的救助站、漫天飞扬的尘土与斯嘉丽那土黄的长裙融为一体。在后来驾马车逃奔回家及在战后家里贫困的时间里，包围她的只有苦难和困顿，斯嘉丽暗红色带暗色纹样的衣裙几乎与她的女仆是一样的，她的富家小姐的骄傲和富贵已经荡然无存，留下的就是对苦难的隐忍和面对困难的坚强。而在影片中另一件给人印象最深刻的服装是斯嘉丽的绿色天鹅绒礼服，战争结束后，斯嘉丽身穿“绿色天鹅绒礼服”前往监狱里看望瑞德，这是由她突发奇想，让她的黑人奶妈用家里的窗帘做成的，因为想去向瑞德借钱而为了保持自尊又不想让他知道她生活的困顿，因此这套绿色天鹅绒裙看起来浮夸而张扬，那些来源于窗帘装饰的金黄色流苏和丝绳，使这套服装充满了假惺惺的味道，正是表现了斯嘉丽这场戏的目的。战争结束，她与瑞德结婚生活在一起后，服装越来越奢华，但也从俏丽时髦的色彩逐步发展到越来越暗沉——暗的红、暗的绿，到她失去女儿时暗的蓝配黑，最后在梅兰妮去世时她正在为女儿穿丧服的全黑。服装设计师沃尔特·普伦基特（Walter Plunkett）在影片纵向发展线上，清晰而准确地表现了人物的命运转迭、情感发展和心理成长。

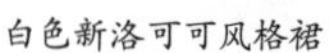

白色新洛可可风格裙

苹果绿碎花波纹绸裙

战争时期的朴实的粗布裙

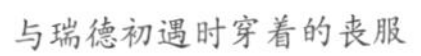
与瑞德初遇时穿着的丧服

逃难期间穿着与仆人几乎一样的布裙

战争刚结束时用窗帘做的浮夸丝绒裙

两人情感的问题不断加深时，服装的颜色越来越重

第三次穿起黑色丧服，才明白了什么是爱

女儿最后一场骑马戏时的黑裘皮配蓝色纱缎裙，富贵而压抑

《乱世佳人》的服装造型变化表现人物命运的走向

再有，要把握横向人物关系的因素。在一部影视作品中，除了极个别的特例之外，几乎都是有着不同的人物，在众多的剧中人物之间，必然存在着某种各不相同的关系，这种人物之间的特定关系，通常被称为剧作的人物关系，生活中人与人之间有着多少种不同的关系，影视剧作中也就有多少种，不过它要求比生活中的人物关系更集中、更典型、更有“戏剧性”。人物关系的设计和展开，对于塑造剧作中的人物形象，揭示这些人物的思想、感情、性格，是一个至关重要的问题。剧作中经常通过一个人物与其他人物的各种不同关系来揭示这个人物的性格特征，让观众逐渐了解他的思想、感情、品德和命运，从而从各个角度把人物丰富的内心世界和性格，鲜明而充分地表现出来。影视剧作中人物关系，大致可以分为三种类型：冲突型、对比型和映衬型。

冲突型关系：如果剧中两个人物在思想感情和性格上存在差异，并且在行动中又相互发生了抵触。如《角斗士》（*Gladiator*，2000），马克西·蒙斯（罗素·克劳饰）与暴君康莫迪乌斯之间最后的较量，决斗中的两个角色完全对比的色彩关系，表达势不两立的关系。朴素刚毅的黑色铠甲与华丽饰巧的白色铠甲，无论是在色彩上，还是在气质上，充分表现了冲突两方的力量较量。

《角斗士》中黑色和白色铠甲表现了两人的冲突和较量

对比型人物关系为两个剧中人物的思想感情和性格存在着差异，但他们在具体行动上并不互相交锋和抵触，只是形成了对比。《蓝丝绒》（*Blue Velvet*，1986）中，两个女性角色采用了对比法设计。大学生杰弗里（凯尔·麦克拉克伦饰）与清纯的姑娘桑迪（劳拉·邓恩饰）相爱，但偶然的境况下，迷恋上了夜总会歌女桃乐丝（伊莎贝拉·罗西里尼饰），并陷入一场危险当中。片中，桑迪以浅色调柔和造型为主，如浅粉色毛衣、桃色连衣裙、白色小碎花连衣裙、白色针织背心等表现她的清纯与甜美。歌女桃丽丝是被性变态控制的可怜女人，服装以暗蓝、暗红、黑色为主，表现出压抑和毁灭性的诱惑。两个女人在造型上形成很强烈的反差和对比。

《蓝丝绒》中桑迪与桃丽丝两人对比型的造型

映衬型关系是指两个剧中人物的意志和目标相同，在行动的方向上也一致，形成了互为补充、互相映衬、相得益彰的艺术效果。这三种关系是一些基本类型，事实上，人物之间的关系是十分复杂的，而且常常会发生变化的。如《鸽之翼》（*The Wings of the Dove*，1997），影片中的凯特（海伦娜·伯翰·卡特饰）是个性格坚定独立的女子，由于不幸的成长经历，使得她期望能够摆脱贫困，过上富足的生活。此时她认识了一位美国富豪的孤女米莉（艾丽森·艾略特饰），当她得知米莉身患重病将不久于世后，策划了一个获得财富的方案。片中凯特始终是款式造型硬朗、饱和度高的深蓝加黑色的服装造型，表现她的坚定和孤独。而米莉是个善良的女子，她并不知道凯特的计划，真心把凯特当作亲密好友。米莉的服装多是柔软面料和柔和的款式，当她出现在凯特身边时，多是纯度不高的灰蓝色，柔和雅致。表现了她与凯特友好的并且相伴随的映衬型关系。

《鸽之翼》中米莉与凯特的映衬型关系

所以，在进行人物的服装造型设计时，必须要将这些人物关系作为设计依据，这些线索有时是明的，显露的；有时是暗的，潜在的。只有对人物关系准确把握，才能塑造出内在的、情感准确的人物服装造型。

《大红灯笼高高挂》，从人物服饰的设置上，最能体现出几位太太之间明的、暗的关系。由此体现她们内心的情感世界。大太太内心的阴暗、封建，在服装设计上表现为穿着青黑色的衣服，裹着脚，束着腿，脸色苍白，面无表情；二太太卓云老谋深算，城府极深，对身份地位渴求之至的她，服饰色彩虽也暗淡，但也常有些变化，在受宠得意时候，服饰色彩就会丰富鲜亮些；三太太梅珊从通红的嘴唇到大红的服饰，都透露出内心被压抑的热情和爱，也表现出她对生活的不满和反抗，与四太太正面交锋时候穿的黑色旗袍，与四太太的白色衣褂形成强对抗关系；四太太颂莲的服饰色彩变化相比她们是比较丰富的，从刚到陈府是白衣黑裙纯朴的学生装，到享受最高待遇时的黄色绸缎棉服，初见大少爷时一袭红裙，再到剪伤卓云时的一身黑衣，到最后被逼发疯后又穿起黑白学生装。人物的身份、命运和内心状态由服装准确地表现出来。

关于人物中的诸因素，可以说：人物个人的样貌是“点”，人物发展的纵向线索是“线”，人物之间关系是横向的“面”，这样将点线面的因素结合，就会形成立体架构，只有将这几方面的因素都把握好，才能够表现出丰富、准确而立体的人物。

《大红灯笼高高挂》中的服饰反映四位姨太太各怀心思，关系复杂微妙

五、演员的诸因素

一个成功的角色形象，决不能脱离开演员的因素，服装和演员一起共同塑造出影片中的人物。每个演员都有着不同的样貌和气质，因此，服装与演员是否能够很好地结合是非常关键的。导演在选定演员时，有诸多因素需要考虑，有时选定的演员与剧中人物的总体感觉很相近，但有时会离人物有一定的距离。因此，当演员确定后，服装设计师要从造型的角度分析演员的诸因素。在把握演员的因素时，要考虑演员的外貌特征、个性特征和个人气质。首先要观察演员的外貌和气质与人物之间的吻合度有多少。有的演员本人的外貌和气质很接近剧作中的人物，而有的会相差较大。根据演员与角色之间的差异，设计师确定设计方案，用服装造型将这种差异消灭掉，使演员首先从外观上成为剧中的人物。如在《老无所依》（*No Country For Old Men*，2007）中，扮演冷血杀手的西班牙演员哈维尔·巴登（Javier Bardem），强健、英俊，具有西班牙人独有的个性风度，冷峻粗犷的脸庞，棕色的眼睛总是目光深邃，是西班牙国粹级演员。他的俊朗形象与剧中残忍的杀手有很大的距离，设计师玛丽·索弗瑞斯（Mary Zophres）在设计他的造型时，首先确定这个角色是这部电影色谱最黑暗的一端，给他设计黑色的牛仔外衣和黑色的老派的长裤，配上暗棕色的衬衣，这个配色显得这个人物内心非常稳定，是不为外界所干扰的自固型色彩搭配。一双仿古的牛仔靴是用令人毛骨悚然的鳄鱼皮做的，靴子的前端非常尖，显示这个人的攻击性。最为出彩的是他的发型，设计师参考资料馆里一宗真实杀人案的凶手的照片，制作了发套。当哈维尔带上发套的那一瞬间，他自己都呆住了：热情、浪漫、俊朗的哈维尔消失了，一个残忍、冷血、沉默而笃定的杀手跃然而出。

英俊帅气、热情浪漫的演员哈维尔·巴登

《老无所依》中冷血杀手造型

在考虑演员因素的设计过程中，要注意三点：

一是要了解演员的个人特点，有时要利用演员的个人特点，进行放大；有时要掩盖演员的特点，使演员更接近人物。

二是要分析演员的身体条件，在设计款式时尽量做到扬长避短。

电影《低俗小说》（*Pulp Fiction*，1994）的服装设计师布朗森·霍华德（Bronson Howard）曾经讲述给乌玛·瑟曼的设计过程，“她身高 182 公分，我给她试的每条裤子都太短。最后我说：‘我们就这么办吧。让我再多剪掉个 5 公分裤管。’观众看了之后就说：‘哇，我也想这样。’”就这样，乌玛·瑟曼高挑的身材，身穿率性的白衬衣，吊脚的黑色裤子，与约翰·屈伏塔跳扭扭舞的镜头成为影坛经典，让人过目难忘。这就是设计师充分发挥了演员的身体条件而完成的设计。

《低俗小说》中吊脚裤造型突出了演员乌玛·瑟曼的高挑身材

第三点要注意和演员的沟通，要与演员一起对角色的理解达成共识，这样演员在穿上戏服时，才能够在心理上入戏，否则如果设计师与演员对角色的认识不同，演员穿上戏服时，内心会拒绝，难以融入角色中，而无法展现出理想的塑造效果。服装设计师娜姬拉·狄克逊在设计《指环王 1》中的人物阿拉贡时，与演员维果·莫腾森反复讨论才设计出角色的戏服，维果曾说道：“娜姬拉很大方，愿意让我参与设计的过程，好让这个角色能够符合皮特心中的形象，也让我觉得舒服自在。”娜姬拉说：“这套戏服有很多配件，目的是让这个角色称职。对身为演员的维戈来说，当他一层一层地穿上戏服，他也一步一步化身为这个角色，对我来说，这是当服装设计是很重要的责任。你可以帮助演员化身为他扮演的角色。”

《指环王》中维果·莫腾森饰演的刚铎王子阿拉贡

六、表演的要求

影视服装在功能上必须符合影视剧中表演的要求，这包括三个方面，一是符合影视拍摄的动态的要求；二是便于演员的表演和动作；三是符合剧中所要求的因表演而产生的画面形式感。

1. 从影视拍摄的要求来说，影视服装虽然属性上是表演服装，但是它与舞台类表演服装在表演功能的要求上还是有很大的不同。由于影视是动态的艺术，影视造型的运动因素对于影视服装提出了特殊的要求。服装要适应、符合运动拍摄的特殊性，服装不能只顾前、不顾后，只顾外、不顾内。如中国古代宽袍大袖的服装，要里外三层，即两层内衣，一套外装，都是要符合当时时代的内外衣，以免在镜头运动或是演员运动时露出不对的内衣而“穿帮”。这种情况是指人物始终或主要镜头中是处在镜头前景的主要角色和其他人物的服装要特别注意。服装设计师在安排服装的分配和着装上应考虑镜头的各种特殊条件和限制。如镜头的种类、景别、运动、视角等，对服装设计和搭配有重要意义。例如中意1982年合拍的电影《马可·波罗》（*Marco Polo*，2014）的意方设计师恩里科·萨巴迪尼曾展示过一幅中国武士的服装设计，示意要从最里层的内衣到最外层的盔甲，三四层服装都要按当时的样式、色彩和质料制作，盔甲是真材实料，重约30斤，其意图就是要有真实感。也就是影视创作人员常说的要电影服装要“经拍”（经得起镜头的拍摄），“耐拍”“耐看”。

2. 剧中根据情节的设定，有时对演员的表演有特殊的动作要求，这时服装设计就必须要为这些特定的动作做出设计，以达到剧情要求。如在电影《本能》（*Basic Instinct*，1992）中，有一场审讯室的戏是影史上非常著名的诱惑戏，女主角凯瑟琳（莎朗·斯通饰）在受审的过程中，交叉的双腿交换位置时，似是不经意间故意露出裙底以诱惑审讯官，这段戏对剧情推进和人物刻画都非常重要，因此要求服装能够展现这几乎令审讯官窒息的一刻。设计师艾伦·米罗尼克（Ellen Mirojnick）说："这件裙子和大衣的设计大大帮助了保罗·范霍文实现他所想要的动作编排。首先，最重要的是它能让凯瑟琳轻而易举地穿上。其次，在拷问的场景中，她显得高贵而纯洁，控制了整间房间。最后，一旦脱下外套，莎朗坐下时也可以自由地做任何动作。"最终，这场戏的服装设计配合莎朗·斯通的表演，成为影史上的经典一刻。

《本能》中凯瑟琳接受审讯的一场戏，白色套装为这场戏表演动作的实现提供了支持

3. 在一些追求画面形式感的镜头中，服装的样式起着非常关键的甚至是决定性的作用，如中国武侠片中飞扬的衣衫或者欧美歌舞片中一些形式感很强的舞蹈编排，包括一些科幻类、魔幻类影片中，一些有着特殊表演需求的服装，这些戏份会对服装有着特殊的表演要求。在这种情况下，服装设计师一定要与导演、美术、摄影做充分沟通，了解他们想要的画面效果是什么样的，用什么样的拍摄方法，也包括灯光的设计，有没有特殊的要求。根据这些要求进行款式设计、色彩设定和面料选择。如果不做全面细致的了解，很可能在表演时达不到视觉要求而无法满足拍摄的要求。影片《十面埋伏》中的唐朝歌舞伎表演，设计者借鉴了敦煌壁画中飞天的形象，为了适应演员的舞蹈动作而夸张了袖子的造型，增加了袖长，并将外罩的大袖衫长度缩短，在两侧开了很高的衩，这样舞动起来层次丰富、动感飘逸，也适合演员做大幅度舞蹈动作。影片《1933 年淘金女郎》（*Gold Diggers of 1933*，1933），有一场舞蹈表演的戏，当摄影从上方进行俯拍时，这些舞蹈姑娘们和服装一起组成了盛开的花朵，这种画面要求服装的款式必须是符合画面设定和形式感要求的。

《十面埋伏》适于舞动的歌舞剧服装造型

《1933 年淘金女郎》极具形式感的歌舞画面，服装造型是构成画面形式的关键

第二节　创作原则

一、真实性原则

影视艺术创作首先要忠实于生活，这种忠实包含两个内涵，一个是对社会时代的真实反映，一个是对人类情感的真实反映。因此，影视服装设计的第一原则就是真实性。

虽然电影真实性的问题一直是诸多电影理论家和创作者广泛讨论的问题，尤其是数字影像时代的到来，电影的真实性频遭质疑。但无可否认的是，无论是真实拍摄的影片还是数字技术处理的影片，其带给观众的真实的视觉感受的要求都没有变，作品内容所体现的真实情感以打动观众与观众建立情感共鸣的要求也没有改变。这里我们可以举一个例子来说明电影真实性原则的重要，比如过去电影中经常有类似于"猎杀动物"这样的镜头，如果仅仅用麻醉枪将动物击倒，观众常常会觉得虚假好笑，但如果为了追求真实感而真的杀死一头动物，不仅会招致动物保护组织的不满，那些观影经验丰富的观众也会惊叹于电影的制作者为了拍摄电影而使这头动物真的被杀死，因而出现思维暂时跳出剧情的情况。而数字化制作这样的视觉效果非常逼真的镜头后，观众知道没有动物真的被杀死，因而会很信任地观赏这样血腥残酷的镜头画面，这反而更能使观众沉浸到影片的情节和情绪中。由此我们可以得知，无论时代怎样发展，电影技术怎样发展，电影真实性的原则始终是影视创作应该认真遵循的创作原则。

虽然影视服装不同于日常生活服装，但影视艺术是来源于生活的，要反映生活的真实和情感的真实，这就要求在创作过程中，要尊重不同时代、不同地域服装服饰的真实性，使其符合道德、宗教、法律等社会意识形态的需要，要符合历史、时代、民族、地方的特征，也要符合人体、材料、环境、气候等自然物质领域的需要。比如在舆服制度森严的中国古代文明中，各个朝代服装的形制都有着其特定的社会文化含义，是与那个时代的整体文化环境共通的，如果不加考虑，而随意设计，就会出现违背社会文化和社会伦理的问题。

真实性原则也反映在对人物的刻画的真实，在人物性格、职业、身份、爱好等特征的表达上，要符合剧本人物的设定，如果脱离人物，塑造的形象一定是跳脱剧情之外，是会引发观众观影时的质疑，观众带着这样的疑惑是无法全心投入影片情节和情绪中的。

真实性原则第三个反映是情感的真实，是要求创作者能够揭示人物的内心世界，人物的服装造型能够表现人物的内心情感世界，这些潜在的信息正是能够通过观众的解读，而搭建观众理解人物的通路。如果一味追求形式感，不去深层次塑造人物的内在，是无法完成人物的全方位立体塑造的。

二、形式美原则

人类社会是一个充满艺术的世界。形式美是一切艺术作品的基本元素，也是人们审美的主要对象。形式美法则是人类在创造美的形式、美的过程中对美的形式规律的经验总结和抽象概括，主要包括对称均衡、单纯齐一、调和对比、比例、节奏韵律和多样统一等。

影视艺术作为视听为主导的艺术形式，其在形式美的追求上更为突出。影视艺术在发展过程中充分借鉴了传统艺术的优点，形成了多元化、动作性、视听综合性等为基本特征的形式美，同时也有着独特的审美形式。电影形式美是表达作者意图、阐释作品思想的特有语言，是沟通作者与观众的桥梁。掌握形式美的法则，设计师能够更自觉地运用形式美的法则表现美的内容，达到美的形式与美的内容高度统一。

影视服装作为影视艺术的视觉元素及构成影视画面的主体之一，诸如“对称、平衡、节奏与韵律”等形式美法则在影视服装设计中同样适用，而且也是必然要求。

构成服装形式美主要有以下五项原则：

1. 统一

也称为“一致”，与调和的意义相似。设计服装时，往往以调和为手段，达到统一的目的。良好的设计中，服装的部分与部分间，及部分与整体间各要素——质料、色彩、线条等的安排，应有一致性。如果这些要素的变化太多，则破坏了一致的效果。形成统一最常用的方法就是重复，如重复使用相同的色彩、线条等，就可以造成统一的特色。

经常看到一些设计作品，过多地使用互不相干的几个要素，使整个设计处于一种分解、离心的支离破碎的状态，这往往削弱了作品的魅力，非但不能达到美的状态，反而会在人们心理上造成杂乱的不快的感觉。相反、过于强调统一，也会使人感到单调、乏味。所以，变化和统一虽然都是美的要素，但要能恰当地使用，要做统一的前提下求变化。在整体的秩序上求得多样性的统一。在服装上，这种多样统一是很不容易的，在设计时，整体的式样、外形的轮廓、上下衣的关系、色彩、材料、装饰配件都要顾及。一般有两种方法：一个是在统一中加入部分的变化；另一个是把每个有变化的部分组合起来，寻求共同的因素构成某种新的秩序，达到统一。

2. 加重

亦即“强调”或“重点设计”。虽然设计中注重统一的原则，但是过分统一的结果，往往使设计趋于平淡，最好能使某一部分特别醒目，以造成设计上的趣味中心。这种重点的设计，可以利用色彩的对照（如黑色洋装系上红色腰带）、质料的搭配（如毛呢大衣配以毛皮领子）、线条的安排（如洋装上领口至底边的开口）、剪裁的特色（如肩轭布及公主线的设计），及饰物的使用（如黑色丝绒旗袍上佩戴白色珍珠项链）等达成。但是上述强调的方法，不宜数法同时并用，强调的部位也不能过多，并应选择穿者身体上美好的部分，作为强调的中心。过多使用强调反而会削弱强调的意味，容易造成视觉混乱、风格混乱。

3. 平衡

两个以上的要素，相互取得均衡的状态叫做平衡。使设计具有稳定、静止的感觉时，即是符合平衡的原则。在力学上，平衡是指重量关系，但在设计中，则是指视觉感觉上的大小、轻重、明暗及质感的均衡状态。平衡可分对称的平衡即正平衡，及非对称的平衡即非正平衡两种。具体到服装上，又有左右的平衡、上下的平衡和前后的平衡。左右对称平衡是以人体中心为想象线，左右两部分完全相同。这种款式的服装，有安静、端正、庄严的感觉，但是较为呆板。左右非对称平衡是感觉上的平衡，也就是衣服左右部分设计虽不一样，但有平稳的感觉，常以斜线设计（如旗袍之前襟）达成目的。此种设计予人的感觉是优雅、柔顺。此外，亦须注意服装上身与下身的平衡，勿使有过分的上重下轻或下重上轻的感觉。在服装设计当中，有时也有打破平衡法则，利用不平衡感作为造型的强调，如 16 世纪男子上重下轻的装束，以显示男子的雄健。也有前后非对称平衡的例子，如 19 世纪末的女装巴斯尔样式，后臀垫的使用是前后呈现不平衡的状态，以夸张女性的性感特征。

4. 比例

是指全体与部分、部分与部分之间长度或者面积的数量关系，也就是通过大和小、长和短、轻和重、多和少等质、量的差所产生的平衡关系。在这个关系处于平衡状态时，就产生美的效果。在服装上，是指服装各部分间大小的分配，看起来合宜适当。比例在服装上是非常重要的，如衣长与身长的比例关系，上衣与下装的比例关系，领子、袖子等部件与衣服整体的比例关系，腰线位置与身体的比例关系，口袋与衣身大小的关系，衣领的宽窄等都影响着服装的美感及着装状态的美感。关于比例分割的方法及形式，自古人们就在研究，比较受到广泛接受的是“黄金分割”的比例，多适用于衣服上的设计。在进行服装设计时，对比例关系的把握能力是设计师塑造美感的重要素质，要格外注意服装与人体的比例关系，以及服装与服装之间的比例关系、服装分割结构线与人体的关系等，此外，对于饰物、附件等的大小比例，亦必须重视。

5. 韵律

指元素做规律的反复，而产生柔和的动感。如色彩由深而浅，形状由大而小等渐层的韵律，线条、色彩等具规则性重复的反复的韵律。构成要素有规律地反复，在视觉上产生动的连续的相互关系，从而产生充满活力的生命感和跃动感。在广义上，韵律的内涵包含着反复、交替、渐变、对称等形式原理。在服装上，同样的形态因素在不同部位按照一定的节奏重复，就形成韵律感，如色彩强弱和明暗的反复，装饰部件，如花边的波浪状起伏的变化，裙褶节奏的律动，这些都创造着美的韵律。

当然，这些法则只是通用的一些审美法则，在进行构思与创意时，要敢于大胆运用，也要敢于突破固有形态创新。但美的形式一定是和内容紧密联系的，如果离开了内容，单纯求怪求异是无法建立美感的人物形象和美感的镜头画面的。

三、典型性原则

艺术典型是文艺学、美学的重要理论观点，也是艺术创作的规律与特点。在艺术作品中，典型性就是艺术形象既具有高度的概括性，又具有鲜明艺术个性，包括典型人物、典型环境等。其中，典型人物是艺术典型的主体，典型性格是典型人物的核心。艺术典型是艺术家通过个性化和本质化的创作规律所创造出的艺术作品，它们既能反映现实生活的某些本质和规律，又具有鲜明独特的个性特征；既表现出一定时代人们的审美理想，又表现出融入艺术家自己独有的审美感受的艺术形象。影视服装作为塑造艺术形象的手段也同样具有这种艺术典型性。它们是以现实生活中的服装为原型经过艺术加工和提炼而成，为人物形象服务的艺术类服装。通过服装进行角色标识，使观众看到服装就明确了角色定位是其主要功能之一，而这也是影视剧人物造型的典型性表现之一。然而，艺术的典型性绝非千篇一律、由一个“模子”塑造出来的公式化的“定型”，缺乏鲜明、生动的个性的艺术形象是呆板、僵硬的。因此，这种典型性一方面具有高度概括的普遍性，一方面又具独特的艺术个性。然而，艺术典型性不是定型，也不是公式化的艺术创作。而是共性和个性的统一，普遍与特殊的结合。朱光潜先生在《西方美学史》中论证典型与定型的关系时，曾经谈到定型：“这就好比旧戏写曹操。一向都把他写成老奸巨猾，这已经成了定型，后来的作家就不敢翻案了。”这种定型说与我们所谈到的典型是有本质区别的。定型说是一种公式化和概念化的人物造型，多为运用在戏曲形式中。而典型则是即具有高度的概括性又具有鲜明的个性，是普遍与特殊的统一。因此，人物造型的典型性中亦要有个性的体现。

四、人物关系原则

人物是影视剧本描写的主要对象，是构成电影艺术造型形象的主体。根据在剧作中的作用，人物设置主要分为主要人物、次要人物、群像式人物。

①主要人物：是影视剧作着重刻画的中心人物，是矛盾冲突的主体，也是主题思想的重要体现者，其行动贯串全剧，是故事情节展开的主线。

②次要人物：对主要人物的塑造起着对比、陪衬、铺垫作用，或者作为矛盾的对立面而存在的角色。同样，可以或应该具有鲜明的性格特征，是影视剧作故事情节发展不可或缺的人物。次

要人物在剧作中所占篇幅有限，往往要借助于细节的提炼，几笔勾勒而神形毕现地显示自身性格的完整性和独立的审美价值。

③群像式人物：为特定的题材内容所规定，剧作者有时需要群像式人物的设置来完成其艺术构思，即以扇面展开的方式，揭示其社会矛盾，以显现生活的丰富性和复杂性。在一般情况下，这种群像式的结构还是有主次的，但是，其中着墨较多的人物仍属这个群体，离开这个群体则难以显示其本来的审美价值。

电影电视作品的核心任务是要塑造人物形象，在众多的剧中人物之间，必然存在着各不相同的关系，这种人物之间的特定的关系，我们通常称为剧作的人物关系。生活中人与人之间有着多少种不同的关系，影视剧本中也就能有多少种人物关系，不过它要求比生活中的人物关系更集中、更典型、更有“戏剧性”。人物关系的设计和展开，对于塑造影视剧本中的人物形象，揭示这些人物的思想、感情和性格，起着至关重要的作用。因为影视剧作无论是主题思想的体现还是故事情节的进展，都要通过人物来展现。在一部影片中，随着人物关系的展开，有时人物关系的变化是十分巨大的，由分到合，由合到分，有时还会出现很大的反复，很多的波澜和曲折。人物关系的变化，是由他们的思想、感情、性格和各自的意志和行动所决定的。剧中人物关系的设计，是剧本总体构思的重要组成部分，它对于塑造人物形象、开掘主题、体现剧作的风格样式，都是至关重要的。在服装的造型上，应该能够清晰地体现这样的人物关系，不仅使观众从剧情上理解人物，也能够在情感上使观众与人物共鸣。

1. 正反关系

正反关系是指在一些以正反两极关系设立结构的影视作品中，有着显著的道德两极的对立，在人物设定上，有“正面人物”与“反面人物”是矛盾对立的双方。“反面人物”是与“正面人物”相对的概念，是文艺作品中否定性人物形象的指称，反面力量电影或戏剧中与主角对立，使剧情产生戏剧性冲突的角色或力量，多是指在社会生活和历史发展中具有负面意义的人。这类形象代表着假、恶、丑，在文艺作品中，其审美价值就在于通过否定自身而肯定真、善、美。美与丑并存，通过美丑的对照，才能彰显出美的崇高。黑格尔在《美学》一书中写道：“这是一种以其艺术的存在否定自身现实存在的美……否定性艺术形象只有具备社会认识价值、伦理教育价值和情感愉悦价值的高度完美统一，才能成为激发深刻美感的审美对象，转化为艺术美。”

如《蝙蝠侠：黑暗骑士》中，正反关系的双方：蝙蝠侠和小丑，在造型的设计上，采用了对比设计法，蝙蝠侠战袍造型挺拔硬朗，小丑软化了的西服套装萎靡忧郁；蝙蝠侠通身黑色彰显坚定和力量，小丑蓝紫绿黄配色诡异阴森，显示变态和狡诈。

《蝙蝠侠：黑暗骑士》中正反关系人物的造型对比

近些年来，虽然以往那种正面人物与反面人物泾渭分明，非黑即白的简单二元对立的设定渐渐被打破，剧作倾向于塑造更为丰富更为立体的“灰色人物”，但影片中人物的冲突依然是表现人物不可缺少的内容，“正反关系”更准确的表述应该是主体人物与对立体人物，强调两方的矛盾冲突。因此，在人物关系上，设计师依然要细心刻画这些人物的对立和冲突的关系，以形象化的服装造型语言表现处理。在人物刻画尤其是反面人物的刻画时要特别注意，要做出与正面人物的对比关系，如廓形对比、色彩调性对比、质料对比，但一定要依据人物个性特点出发，避免僵硬、死板、扁平和武断，总之要避免“脸谱化”。

如《低俗小说》采用了一种新的剧本构造方式，建构了人物的矛盾对立的特征——凶徒也是圣徒，施暴者也是被虐者，杀手也惧内。这种二元对立又复合统一的人物特征可以推及影片中的所有人物。电影中所有的人物都具有两级复合特征：正与反、好与坏、上与下、神圣和邪恶这样一些截然相反的人物特征被建构在了同一个人的身上。人物服装造型上，也体现这样的人物构成特征。

吸毒的黑社会老大的妻子，穿着清纯文静的白色衬衫配黑色长裤

杀手看起来文雅讲究

《低俗小说》中具有复合性格特征的人物

2. 主群关系

主要人物是小说、戏剧、影视作品中故事的第一主要角色，是故事中心人物，故事情节围绕此人物展开。从电影创作角度说，主要人物既是故事的中心，也是镜头画面的重点刻画的中心，因此，在服装造型设计上，一定要考虑到主角突出原则，尤其是在人物众多的场景中，主要人物要有突出而明显的表现，要能够吸引观众的视线，这就是要求对主群关系进行处理。如用配色区分、用造型区分或用醒目装饰加以区分。

在影视作品中比较常见的是用色彩突出主角，用整体色彩或者用局部色彩，鲜艳醒目，来强调和突出主要人物在人群中的位置。如《劫后英雄传》（*Ivanhoe*，1952）中，画面右侧是服饰色彩鲜艳的贵族群体，后方是颜色灰暗的平民群体，正中背影暗色块是权利无上的皇帝，伊丽莎白·泰勒饰演的女主角丽贝嘉穿一身洁白的衣裙，独自站在中间，与周围几个部分都形成了鲜明的对比，这样的处理明确地凸显了主要角色。

《劫后英雄传》中用服装造型刻画形成鲜明的主群关系

抑或反之，在一片杂乱的颜色中，主要人物用大面积整体颜色，以使其成为视觉中心。如《一代宗师》中，女主角宫二（章子怡饰），酒楼那场戏中，其他女人全都身穿各种花色的旗袍，而只有宫二身穿沉稳的黑色旗袍，背景的花色女人全部成为这一抹黑色的衬托，显示出宫二与众不同的气势及她个性坚定的特征。

《一代宗师》中宫二的黑色旗袍与其他艳丽的旗袍女子形成对比，刻画出主群关系

3. 群像式关系

群像式关系，不强调突出某一个人物，而是在群体中刻画每一个人物的个性特点。群像式关系中的造型设计，根据剧本的设定，通常有两种设计方法，一种在一个比较统一的群体内，每个成员的造型差别不大，以表现这个群体的一致性。如《两杆大烟枪》（*Lock, Stock and Two Smoking Barrels*，1998），四个小人物为还清落入圈套而欠下的赌债，计划一场打劫，却因无知与莽撞，陷入一场复杂斗争的旋涡中，在各种偶发事件中，表现了小人物的幸与不幸。这四个朋友总是以较为相似的着装打扮出现，表现他们本性和目的性的一致。

另一种方法是，强调每一个人的个人特点，但不过于突出某一个人。这种情况多用于影片中，这类群像式人物每个都各有各的心思，各有各的目的。比如电影《非常嫌疑犯》（*The Usual Suspects*，1995），五个人曾结成犯罪团伙，共同作案。这五人各怀心思，各有所长。在影片开始，五人在警察局审讯之后关在一起，这场戏从五人的服装设定上已经将人物的性格很清晰地刻画出来：聪明而狡猾的狠角色麦曼诺（McManus），性格急躁但人很胆大心细的法特（Fenster），冷静手狠的爆破高手杜学尼（Todd Hockney），身手不错、手段高明、心狠手辣并急于想走上致富道路的前警察基顿（Keaton），以及貌似懦弱，有些神经质的金特（kint）。五人再次组成团伙作案，但其后四人相继被杀，故事结局出人意料。五人的着装反差很大，很好地表现了每个人的性格也暗示了每个人的命运。

《两杆大烟枪》中群像式人物构成，四个人总是以较为相似的装扮出现

基顿沉稳有些优柔寡断

法特急躁但心细聪明

杜学尼爆破专家随和但狠辣

麦曼诺粗暴有些偏执，聪明而狡猾

金特看起来最懦弱，还有些变态的装扮，最具隐蔽和欺骗性

《非常嫌疑犯》群像式人物构成，各具特点的服装造型

五、基调创作原则

随着影视业的发展，现今影视作品种类繁多、题材丰富、形式多样，有轻松幽默的喜剧片、惊险刺激的恐怖片、温情浪漫的爱情片、波澜壮阔的史诗片、富有传奇色彩的西部片、充满想象力的科幻片等等，而一部电影往往有着自己的基调，路易斯·贾内梯在《认识电影》中指出，“电影的基调指的是呈现的方式，导演对戏剧素材所采取的态度所造成的气氛”。

“基调”一词原是音乐术语，即音乐作品中主要的调，乐曲通常用基调开始或结束。影片基调则是表示影片的主要精神、概念与情调，是指影片的贯穿性意蕴与影片鲜明艺术倾向的融合。它反映导演的思想倾向、情感倾向、创作意图和艺术追求。导演往往根据文学剧本提供的表现内容、影片题材和所选择的样式，凭借自身的生活经验、艺术感觉，以及对社会的思辨和洞察力，来感受、捕捉和设计影片的基调。各创作部门以导演确定的整部影片的基调为依据决定各自的创作基调，如表演基调、造型基调、摄影基调、色彩基调等。影片基调最终以丰富的景象造型元素与声音造型元素为媒介表现出来，显现于影片的主要风格特色和艺术特色之中。

除了电影的类型、剧情、音乐等能影响电影的基调外，服装服饰也同样对电影基调的设定有着积极的作用。设计师在设计电影服装时要找准影片基调，并使全片服装服饰风格与之一致；同时，在一个明确统一的大气氛中，加以适当的强化、点缀、对比甚至是变异，又能使作品既有秩序又有变化。

《布达佩斯大饭店》（*The Grand Budapest Hotel*，2014）是美国导演韦斯·安德森的作品，他的电影有着鲜明的个人风格：色彩艳丽饱满、构图工整熨帖、镜头推拉直接、刻意整齐的站位、忽略纵深强调平移、呈现独特的视觉风格和叙事模式。他电影中的色调、道具、布景，常常色彩明丽又稀奇古怪，像是直接从童话故事中搬出来的一样。《布达佩斯大饭店》讲述了第二次世界大战之前和之后，发生在一个虚构的国度的故事，整部影片完美的色彩运用起到了重要作用，它奠定了影片的感情色彩和基调，并在其他各个方面发挥了重要作用。影片整体风格优雅、梦幻、奇异，以轻松、冷幽默的方式，以多层叙事结构诙谐地讲述了一个严肃而忧伤的故事。在这样的基调下，服装设计丝丝入扣地融入了这样的基调。无论是欧洲式的优雅款式还是奇异美丽的色彩搭配，既准确地表现了人物特征，又完美地契合影片基调。如古斯塔夫（拉尔夫·费因斯饰）的服装设计成白色衬衣、灰色长裤、黑色领结、紫色的燕尾服，风度翩翩，优雅而高贵。而门生的衣服设计是全紫色的上衣和裤子，红色袜子，头戴有“Lobby Boy”的英文字样，严谨而忠实。在表现反面人物方面，代表“邪恶”一方的迪米崔及D夫人家族一切相关的人物，都以黑色象征险恶，影调也显阴暗。片中各色人物如年老的D夫人，红色装扮和黄色装扮，表现出古斯塔夫口中描述的“他们”“不安全、虚荣、肤浅、金发、要呵护”；杀手一身黑色皮装，冷酷凶残；两次遇到的军队，第一次的灰色军装和第二次的黑色军装，以及他和零两人在逃难过程中帮助他们的一系列同行的服装，都有着深刻的寓意，且衬托着影片的基调。影片中的服装造型优雅又带有童话的意味，这正是影片所要表达的主题，片中最后零先生与作家对话，作家问：“这里是不是您与那个消失的世界，与他的世界，唯一的联系呢？”零先生回答道：“老实说，我想早在他进入那个世界之前，他的世界就已经消失了，但我会说，他极为优雅地维持了那个幻象。”表达了对欧洲文明失落的痛惜之情。

《布达佩斯大饭店》服装优雅奇异，与影片基调完美融合

《夜访吸血鬼》（*Interview with the Vampire: the Vampire Chronicles*，1994）是一部描写吸血鬼题材的影片。与早期一般吸血鬼电影不同的是，本片以一种前所未有的态度借以吸血鬼永生这一特质对永生进行了独特的解释，以阴郁的冷色调摄影，华丽的服饰和略带古典气息而不陈腐的台词合力所营造出的古典、忧伤而凄美的氛围，表达了一种无法抗拒的悲哀的宿命感。在这样的基调下，片中的吸血鬼不再是以往那种丑陋凶残的，长着长而尖利的犬牙，有着恐怖苍白面容的邪恶物种，而是美丽而高贵，有着帅气的外表、巨大的能量、很高的智慧，拥有各种强大的特异功能兼具着高贵的优雅和无法控制的兽性。他们身上的华丽的贵族服装，高礼帽、长披风、丝绒质礼服、百褶花边等，打造出暗调的华丽；加上苍白的面容、冷冷的表情、分明的面部轮廓，使他们神秘、华美、忧伤，充满了贵族气质，这吸血鬼式的魅力绝对是致命的。

《夜访吸血鬼》中服装配合影片基调，呈现华丽、低沉而忧伤的风格

影视人物造型设计表现风格趋于多元化，影视艺术的综合性使得其风格的构成也是多方面共通构建的。除了剧作家之外，演员、导演、摄影、音乐等都有着各自独特的风格。艺术家在共同创造的过程中，力求在艺术风格上达到和谐，从而形成影视作品的整体风格，人物造型设计也必然从属于这样的整体风格。在服装造型形式上，要符合影片的样式。不同样式的影片，如正剧、悲剧、惊险剧、喜剧等，是有不同要求的，所以在创作时要考虑到符合影片的样式，要有利于影片样式的特点的发挥。

《白雪公主和猎人》（*Snow White and the Huntsman*，2012）这部影片，改编于童话故事《白雪公主》，但影片不再是以往童话故事的基调，而是对主体风格进行了很大的改动。从电影美术设计到人物造型设计，都体现了影片暗黑美学风格基调：华丽幽暗的皇宫、诡异、恐怖、邪恶的森林，而邪恶皇后的造型，或是全身黑色闪亮丝绸与黑钢色金属搭配，或是黑亮方鳞片金属质感配合中世纪的达尔马提卡式长裙，抑或是黑色羽毛大立领披风内配金色纹绣长达尔马提卡，几个造型都充满浓郁的哥特暗黑华丽风格与后现代重金属感的结合，散发着阴鸷妖媚的气息。

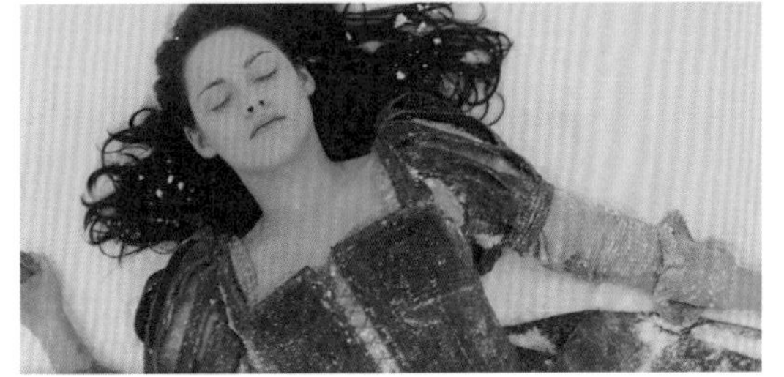

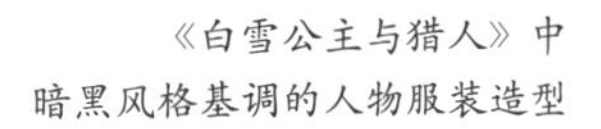

《白雪公主与猎人》中
暗黑风格基调的人物服装造型

六、细节关注原则

在用服装塑造人物的过程中，细节是一个容易被忽视的，但往往起着很重要作用的元素，所以在设计中，要特别关注细节的把握。服装的配饰物件虽小但作用很大，不仅可以显示人物身份地位、志趣爱好等方面的作用，而且也是人物性格的象征，能够多侧面、多层次的塑造刻画人物形象。在饰品道具等细节上的选用和设计首先要符合人物的身份、气质和生活需要的特点规律，其次要符合剧情人物的矛盾冲突。运用和设计上要具有生动性和典型性的特征。《末路狂花》中有一段通过服装饰品细节的描述，来表现人物心理活动和性格的转变。在塞尔玛和路易丝刚出场时都经过认真打扮，配搭繁复花哨的饰品，但在逃亡途中，最后的时候，路易丝用撕成细条的牛仔布系在颈间当作项链，把镶嵌宝石的手表、手镯、耳环全部摘下，向一位陌生老人换取了他头上的一顶旧牛仔草帽。这一细节表现此刻可路易丝，自我意识已经觉醒，已然看穿那些被装饰的生活假象，不愿再用装饰了的自己去面对真实生活的残酷，用象征女性的首饰，换来了男性象征的牛仔帽，路易丝的心理已经转变，她已经做好准备，走上一条不归路。这样的细节设计对影片情节的推动和对人物内心的塑造都起着很重要的作用。

《末路狂花》中，路易丝在颈上系上牛仔布条，塞尔玛用全部首饰换取了一顶旧草帽

《这个杀手不太冷》（*Léon*，1994）中，有一个令人印象深刻的“太阳神吊坠颈链”。马蒂尔达（纳塔丽·波特曼饰）为躲避杀身之祸，认识了职业杀手里昂（让·雷诺饰），他们闯入了彼此的生活。里昂看似冷漠实则对马蒂尔达体贴呵护，展现出铁汉柔情的一面。马蒂尔达这个从小缺少家庭之爱的少女，对里昂产生了依赖和爱恋，12 岁的小女孩，清澈而毫无杂质，单纯地爱上同样单纯的、大男孩一样的杀手。女孩戴的太阳神吊坠颈链，与她的年龄并不相符，却正表现了她经历了不该经历的童年，“人生诸多辛苦，是不是只有童年如此？”玛蒂尔达发出这样的疑问。她有着她这个年纪不该有的成熟，也承受着她这个年纪不该承受的痛苦，她的内心渴望长大，她以为长大以后就不再辛苦了。这个项坠表现了她这样的心情，表现着与女孩不相称的成熟感，表现她的叛逆与盼望长大的心情。

《这个杀手不太冷》中令人印象深刻的太阳神吊坠颈链

思考题

1. 影视服装的创作有哪些创作依据？

2. 影视服装要依据哪些原则进行创作？

第五章 影视服装造型元素的设计运用

就构成服装的要素而言，主要有服装的款式、色彩和面料这三个要素。服装的设计元素就广义而言，它包含更多的有关于服装设计的一切。狭义的服装设计元素包括：款式设计、色彩设计、面料设计，以及服装饰品搭配。影视服装的设计不同于生活中的单件服装设计，它是一个更为整体的概念，因此，针对影视服装，我们采用造型元素这样的说法，即影视服装包括四个基本造型元素：款式、色彩、材料和穿搭方式。此外，影视服装作为塑造人物的表意性视觉元素，服装的纹样和图案，以及服装整体所表现的效果和气氛，也参与视觉传达系统中，所以我们一并将其列入影视服装的造型元素中。

第一节 款式造型

服装的款式是外在形式的体现，它是由外部廓形和内部结构共同组成的。服装的廓形不仅是单纯的造型手段，同时也是时代风貌的一种体现，是一种最为直接的表现手法。在影视作品中服饰的样式直接体现出时代背景、人文风貌、民族特色等。

服装的廓形是服装款式造型的第一要素。纵观中外服装发展的历史，可以看出每个民族、每个时代的服装都有着时代典型的外部轮廓和款式特点，在做影视服装设计时，首先要确定明确的廓形与款式结构，必须能够以准确的款型结构特征表现影片的历史时代背景以及人物的身份和社会位置。此外，由于服装的外廓形的直观性，不同的廓形带给人不同的感受，因此，外形轮廓除了直观表现历史时代，它还能够准确地体现人物的性格特征。

一、表现社会时代

电影电视观众了解和识别故事发生的年代、社会和时代的变迁，最明显也最容易区别的标志就是服装、装束，而最典型特征就是服装的样式和款式。服装的款式造型（款型），在国内外每个历史时期都有较明显的不同。服装服饰的样貌总是与当时的生产方式和发展水平、文化礼仪及道德规范等社会因素密切相关，它的发展、演变过程从一个侧面反映了人类的文明史。

服装是一种身份地位的象征，一种符号，它代表个人的政治地位和社会地位，使人人各守本分，不得僭越。因此，自古国君为政之道，服装是很重要的一项，服装制度得以完成，政治秩序也就完成了一部分。所以，在中国传统上，服装是政治的一部分，其重要性，远超出服装在现代社会的地位。

中国素有“衣冠王国”之美誉，服饰既是民族文化的重要组成部分，又是历史发展和社会时尚嬗替的标志之一。中国的衣冠服饰制度，大约是在夏商时期初见端倪，到了周代渐趋完善，并被纳入“礼治”范围。中国完整的服装服饰制度在汉朝确立。汉代染织工艺、刺绣工艺和金属工艺发展较快，推动了服装装饰的变迁与发展。在中国传统思想强调和谐、追求天人合一的生活和精神境界的影响下，在设计和制作服装的过程中，将人体故意忽略，从而在服装的廓型结构上，呈现出以通袖线和前后中心线为轴线的“十”字形平面结构。这种平面“十”字形结构以其固有的稳定形态，从夏、商、周开始，走过中国五千年的历史，一直延续到清代。

表 1：商周和春秋战国时期服装

		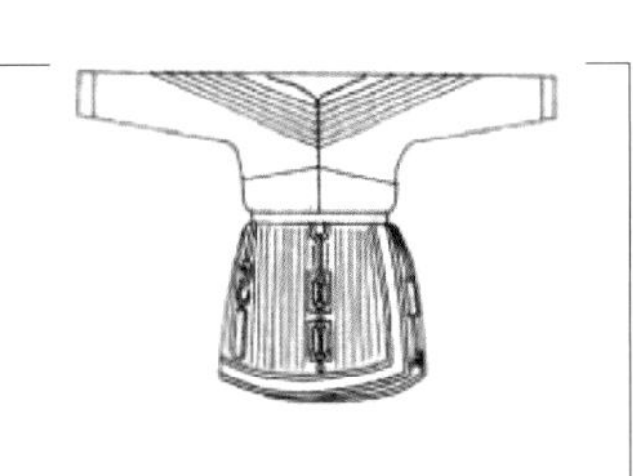
款式编号：1	款式编号：2	款式编号：3
商周时期服装：上衣、下裳，右衽、窄袖、长衣；衣长在膝盖上下；无纽扣，在腰部束一条腰带	春秋战国时期服装：深衣，上下连属，长衣大袖，穿时束腰带。后演变成袍式胡服，短衣、长裤、衣身窄瘦、腰束郭洛带、用带钩	

表 2：秦汉时期服装

款式编号：4	款式编号：5
秦汉时期服装：袍服，开襟从领曲斜至腋下，男女皆可穿着。通身紧窄，长可曳地，下摆呈喇叭状，行不露足。深衣为主，衣襟绕转层数加多，衣服的下摆增大，腰身大多裹得很紧，且用一根绸带系扎腰间或臀部	

表 3：魏晋南北朝时期服装

	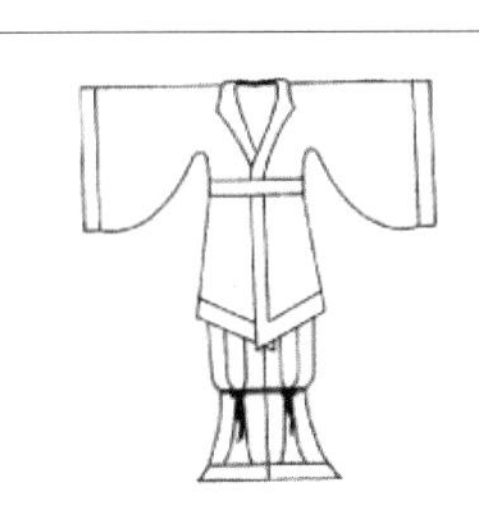	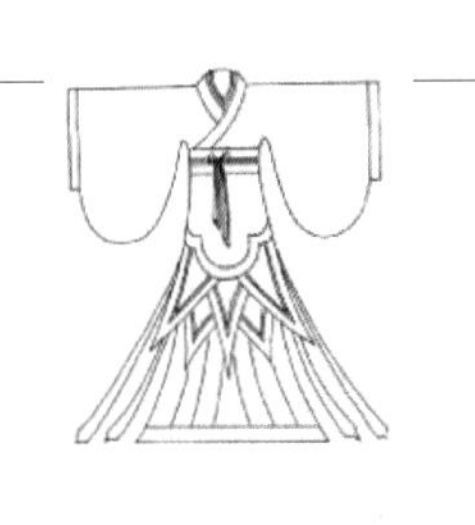
款式编号：6	款式编号：7	款式编号：8
魏晋南北朝时期服装：男着衫，袖口极为宽大；裤褶和裲裆，裤褶是上衣下裤的组合，由褶衣和缚裤两部分组成，褶衣紧而窄小，长仅及膝，衣襟大多为对襟。缚裤裤管宽松、下长至足，用三尺左右的锦缎丝将裤管膝盖部位以下紧紧系扎，以便活动。裤褶的束腰多用皮带 女装一般穿衫、裤、襦、裙等形制。妇女所着衣衫多为紧身、对襟、交颈，衣袖肥大；下身穿多折裥裙，裙长曳地，下摆宽松，腰间帛带系扎，有的在腰间缠一条围裳，用来束腰		

表 4：隋唐五代和宋时期服装

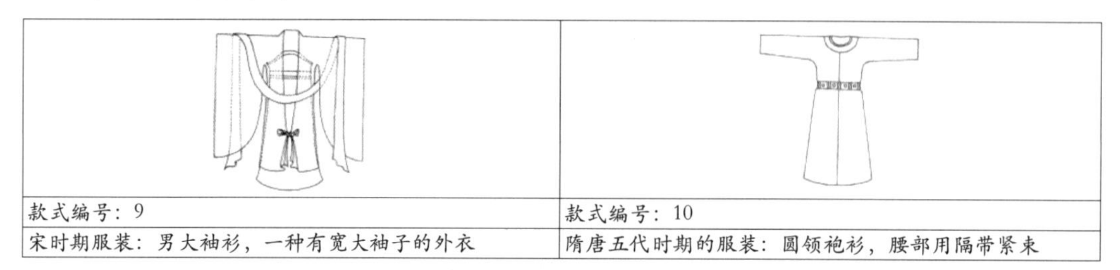

款式编号：9	款式编号：10
宋时期服装：男大袖衫，一种有宽大袖子的外衣	隋唐五代时期的服装：圆领袍衫，腰部用隔带紧束

表 5：金元时期服装

款式编号：11	款式编号：12	款式编号：13
金元时期服装：特点是对襟，两侧前后片从腋下起不缝合，多罩在其他衣服外面穿着。有直领对襟式、斜领交襟式、盘领交襟式，另有不垂带式，系勒帛式、不系勒帛式等形态，褙子初期短小，后加长，发展为袖大于衫，长于裙齐的标准格式。男穿圆领窄袖左衽齐膝袍子，腰束革带。女以詹裙为主，周身六个褶子，直领左衽前拂地，后曳地尺余		

表 6：明清时期服装

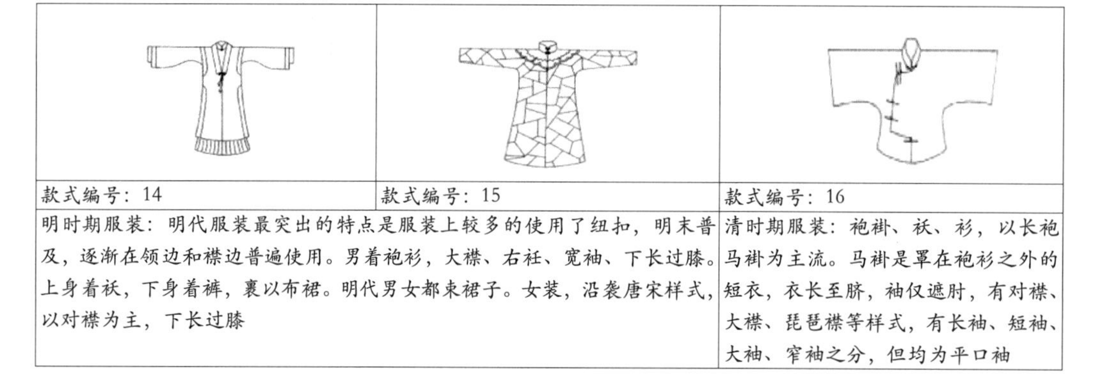

款式编号：14	款式编号：15	款式编号：16
明时期服装：明代服装最突出的特点是服装上较多的使用了纽扣，明末普及，逐渐在领边和襟边普遍使用。男着袍衫，大襟、右衽、宽袖、下长过膝。上身着袄，下身着裤，裹以布裙。明代男女都束裙子。女装，沿袭唐宋样式，以对襟为主，下长过膝		清时期服装：袍褂、袄、衫，以长袍马褂为主流。马褂是罩在袍衫之外的短衣，衣长至脐，袖仅遮肘，有对襟、大襟、琵琶襟等样式，有长袖、短袖、大袖、窄袖之分，但均为平口袖

虽然中国古典服装在基本结构形态上是稳定的，但随着时代变迁，款式结构也还是有很大的变化的，每个朝代都有典型的款式形制。如春秋战国时期女性的狐尾服，春秋时期的曲裾袍，唐代的胡服和宽袖的至胸长裙，清代的满族旗袍、旗头、旗鞋，男人的达帽、马蹄袖等。我国古代服饰典章制度非常规范，穿戴也是非常严格。各个历史时期不同的社会阶层服装的款式也是不同的。皇帝是龙袍，百姓是素服，皇室庆典就是庆典的装束，后宫是后宫中的便装等。服装的款式变化，又是影片中时代的最典型特征。

中国服饰沿革简明图表

中国服饰沿革简明图

古典题材是电影创作中重要的题材，我国影视作品表现古典题材的影片非常多，如表现春秋时期的《孔子》《赵氏孤儿》；战国的《战国》《墨攻》；秦朝的《秦颂》《荆轲刺秦王》《英雄》《古今大战秦俑情》《神话》；表现三国的《赤壁》；六朝的《笔中情》；隋唐的《十面埋伏》《天地英雄》；五代十国的《满城尽带黄金甲》《夜宴》；宋代的《敦煌》《忠烈杨家将》；元代的《蒙古王》；明代《绣春刀》《十全九美》《大明劫》《新龙门客栈》；清代的《火烧圆明园》《垂帘听政》《末代皇帝》；民国时期的《海上花》《宋家皇朝》《一代宗师》《色·戒》等。

西洋服装的发展也同样在款型上经历了非常丰富的变化。从总体上看，西洋文化的历史主流有两个：其一是中世纪以前繁荣于地中海沿岸的希腊、罗马的古代文化；另一个是中世纪以后兴盛于阿尔卑斯山以北的，今天人们概念上的欧罗巴文化。西洋服装史与中国服装史不同，中国服装史是在一个相对固定的地理环境中随文明的进展和朝代的更替而形成的，属于个体发生性。西洋服装史则是伴随着文明的移行，跨越亚、非、欧三大洲的疆界，最后落脚到西欧诸国，服装文化的形成属于“系统发生性”，其历史背景更加错综复杂，文化形态也极为丰富多样。但从大的历史阶段上看，其实是从古代南方型的宽衣形式向北方型的窄衣形式的变迁，即古代的宽衣时代、中世纪的宽衣向窄衣的过渡时代和文艺复兴以后的窄衣文化发展的时代。从形式样态上看，各时代有着其典型的款式造型：如罗马式、哥特式、文艺复兴时期样式、巴洛克、洛可可及新古典主义、浪漫主义等艺术风格样式。每个时代的廓形有其时代风格，如罗马式悬垂型服饰的自由形态，中世纪的修长高耸形态，文艺复兴时期的精致新颖，巴洛克时期的宏大形态、洛可可时期女性优美繁复的形态，新古典主义时期自然简约的形态，浪漫主义时期绚丽奔放的形态等，对这些时代的基本形态的掌握是把握时代特征的造型关键。

如古埃及题材的电影《埃及艳后的任务》，古罗马题材的《宾虚》《劫后英雄传》，古希腊题材《世纪对神榜》，中世纪题材《天国王朝》；《圣女贞德》《勇敢的心》《罗密欧与朱丽叶》，拜占庭题材的《骑士蒂朗》，文艺复兴题材的《莎翁情史》，巴洛克题材的《路易十四的情人》，洛可可题材的《绝代艳后》，帝政风格题材的《艾玛》，新古典主义题材的《理智与情感》，浪漫主义题材的《尼古拉斯·尼克贝》。

20 世纪以后，女装廓形变化更加频繁，通常是十年一个周期。20 年代流行的廓形为细长简洁的“管”状；40 年代是较中性化的 H 型；50 年代，战争后的人们更加向往和平，优雅、平和的 A 字廓形成为这个时期的主导；60 年代的酒杯形，70 年代的 X 形，80 年代肩部被高高垫起的 T 字造型成为当时服饰形象的代表；90 年代至今，在人们穿着更加个性化和风格多变的情况下，廓形的流行周期进一步缩短。

20 世纪女装廓形变化

如影片《泰坦尼克号》《了不起的盖茨比》《窈窕淑女》《丹麦女孩》《艺术家》《飞行家》《卡萨布兰卡》《间谍同盟》《罗马假日》《偷龙转凤》《七年之痒》《白日美人》《荒野大镖客》《一夜狂欢》《天鹅绒金矿》《教父》《疤面煞星》《辣身舞》《周末夜狂热》《午夜牛郎》《出租车司机》《闻香识女人》等，这些影片中的服装款式都有着强烈的时代气息。

除了幻想类影片可以摆脱历史的背景，大多数影片是要有故事发生的年代背景做依托的，因此从款式造型上把握历史时代的风格，是展现历史和社会文化的重要一环。影视场景中的服装在把握时代主要外形风格的基础上，不能只是简单地再现服装，应根据影片的基调风格做进一步提炼，把它们所反映的时代和社会制度的本质特点突出地描绘出来，使每一个服装设计都成为典型的时代符号，突出地描绘出时代和社会制度的本质。

二、表达人物性格

鲁道夫·阿恩海姆在《艺术与视知觉》中写道："只要是属于美术类的视觉艺术，最主要的一环就是图样的造型，因为造型能够给人带来愉快的形状与奠定趣味的基础。"同样，电影服装的造型美也能给人带来愉悦的审美体验，并且，由于不同的形状与人们的心理是相关联的，会给人物带来不同的视觉感受，因此，不同的形廓造型在表现人物性格方面也有着重要的作用。如希区柯克的许多女主角的服饰造型多为 A 形和 X 形，更能突出女性的魅力，符合他电影女主角一贯的优雅高贵的古典气质。而倒三角形的造型往往用于表现职业女性，如带垫肩的西装与紧身短裙的组合，这在都市类题材的电影中比较常见，能表现职业女性的专业与干练。在表现英雄人物形象时，多会对人物服装的肩部进行夸张，以表现力量和阳刚之气。

简单来说，廓形就是全套服装外部造型的大致轮廓。廓形是服装造型的根本，它进入人们视觉的速度和强度高于服装的局部细节，仅次于色彩。因此，从某种意义上来说，色彩和廓形决定了一件服装带给人的总体印象。

一般说来，现代服装界将服装廓形概括为 6 种：A 型、H 型、O 型、Y 型、T 型、X 型。以字母命名的服装廓形是法国时装设计大师迪奥 (Christian Dior) 首推的。将服装的外形轮廓概括成典型的这几个大类，可以作为设计师进行设计的参考依据。这几个基本廓形所展现出来的气质有所不同，设计师可以根据需要，为自己的设计确定最基础的造型。

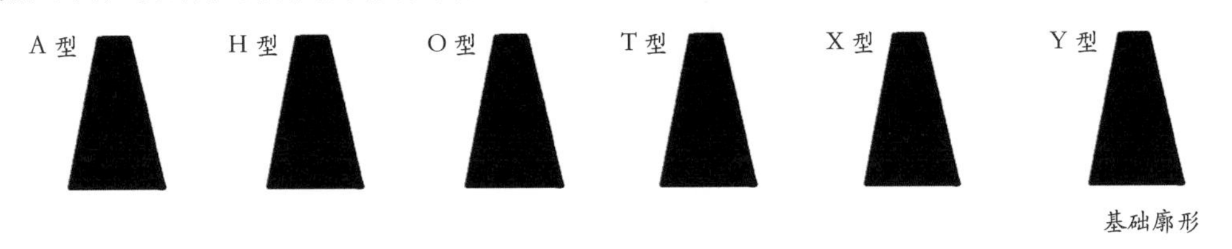

基础廓形

A 型：对应的几何形为三角形△，从上至下像梯形式逐渐展开贯穿的外形。上衣和大衣以不收腰、宽下摆，或收腰、宽下摆为基本特征。上衣一般肩部较窄或裸肩，衣摆宽松肥大；裙子和裤子均以紧腰阔摆为特征，给人可爱、活泼而浪漫的感觉。《罗密欧与朱丽叶》（*Romeo and Juliet*，1968）中，朱丽叶的服装造型为大 A 字型。

《罗密欧与朱丽叶》中朱丽叶的大 A 字型造型和 60 年代小 A 型，以及现代时装 A 型的运用

H 型：对应的几何形为长方形廓型，较强调肩部造型，但不进行夸张，自上而下不收紧腰部，筒形下摆。上衣和大衣以不收腰、直下摆为基本特征。衣身呈直筒状；裙子和裤子也以上下等宽的直筒状为特征。使人有修长、简约的感觉，具有严谨、平稳、庄重的男性化风格特征。如《了不起的盖茨比》中，展现的 20 世纪 20 年代的 H 型 Boy style 风格。

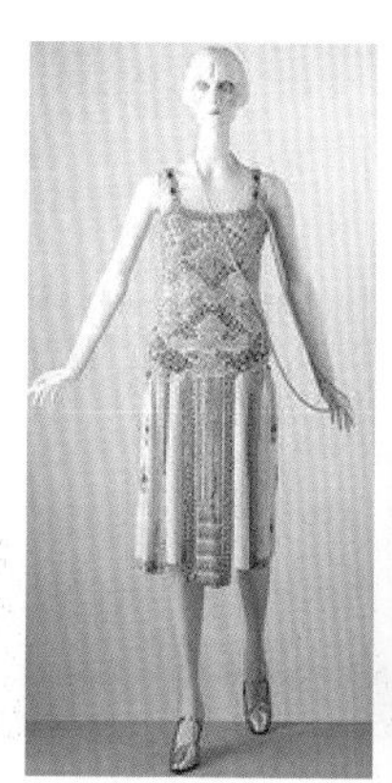

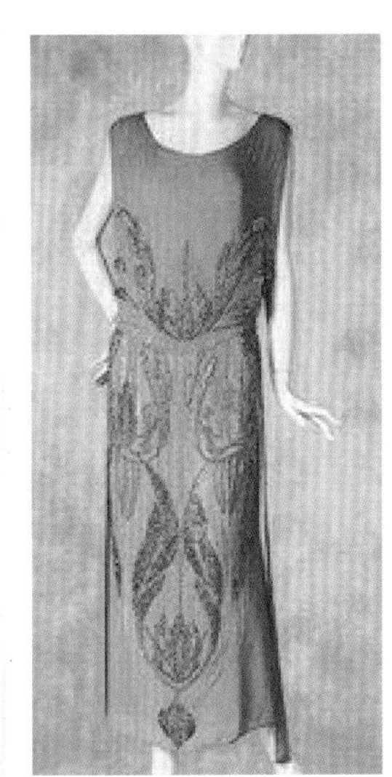

20 年代的 H 型廓形

O 型 ：对应的几何形为椭圆形，上下口线收紧，整体造型较为丰满，呈现出圆润的蚕茧形观感，可以掩饰身体的缺陷。充满幽默而轻松的气息。给人感觉善良、温和、无进攻性，同时又具有时髦感。

60 年代的 O 型廓形

Y 型 ：对应的几何形为倒三角形，肩部较宽，下面逐渐变窄。整体外形夸张，有力度，带有阳刚气。

80 年代的 Y 型廓形

T 型：对应的几何形为横长方形和竖长方形叠加，造型为肩部平展舒张、下摆不强烈内收，呈自然下垂廓形为主要特征。给人以挺拔、威严感，值得信赖的感觉。

T 型廓形

X 型：对应的几何形为倒三角叠加正三角形，X 形是有着自然的肩部线条，紧收的腰部，自然放开的下摆。明显的胸部、腰线、臀线设计的廓形；X 型廓形在女装上非常能体现女性优雅气质的造型，具有柔和、优美的女性化风格。在应用上有长短两种形态，长 X 型端庄优雅，短 X 型活力性感。

X 型廓形

除上述基础廓形之外，还有一些变化廓形，如瓶型、花冠型、纺锤型、沙漏型和 S 型等。这些基本的廓形能够把人物性格气质做出基本的定位，因此要特别注意廓型的使用要与人物气质相对应。

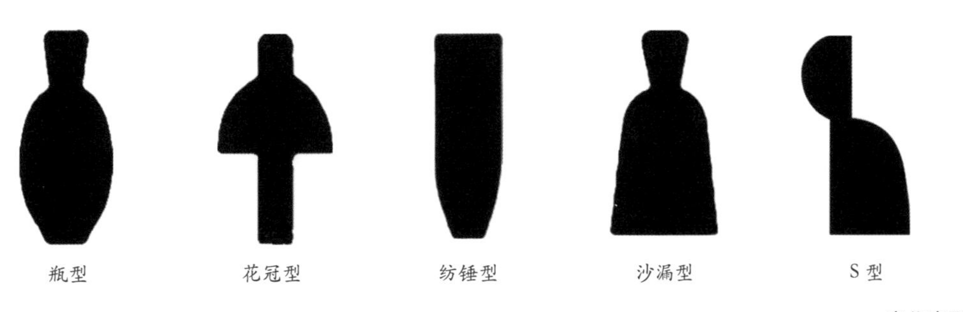

变化廓形

在确定基本廓形后，要结合款式细节的设计，做到既适合影片基调、符合时代背景，又能体现人物性格。

另外，还需要注意一些细节：肩线的宽窄，腰身是收紧还是放松，腰线落在哪里（正常位置、较高、较低、接近臀部）有明显的臀围线设计还是窄身设计，下摆的长短宽窄有没有什么变化，是否采用某些特殊的廓形设计。

三、体现人物身份

服装作为一种文化，反映着时代的特征，记载着时代文化的变迁。中西方文化存在很多的不同点，这种差异在服装领域也有着明显的表现。然而服装上阶级等差观念在历史上却都有着共同的表现。如西方古罗马时期，罗马男子普遍穿着一种叫做“托加”的缠裹式外衣。“托加”是罗马服装中最具代表性的服装，像现代社会的身份证一样标志着罗马的公民权。“根据穿着的目的不同，罗马人将托加分类成若干种类型：‘托加·普拉’（toga pura）是没有任何装饰的普通托加，以本白色的毛织物做材料，是罗马市民的正式服装；‘托加·普莱泰克斯塔’（toga praetexta），是统帅、执政官、检阅官等官员的制服，装饰有紫色的边饰；‘托加·康迪达’（toga candida），经过漂白处理之后，具有纯洁、诚实的意思，专用于竞选的官吏；‘托加·普尔拉’（toga pulla），是一种接近黑色的丧礼用托加；‘托加·佩克塔’（toga picta），是绣有金线花纹的豪华托加，只允许凯旋的将军和皇帝穿着；‘托加·特拉贝阿’（toga trabea）是镶有紫色边饰的彩色托加，其中敬神时祭祀官穿全紫色的托加，皇帝和高级官员穿紫色和白色搭配的托加，占卜官穿紫色或者绯红色的条纹托加等等。”从中可以看出人们利用服装来区别阶级差异，以塑造人们的社会角色。如在影片《宾虚》中，各阶层不同地位的托加都有清晰明确的表现。

在中国封建时代，等级制度森严，受等级制度“礼”的影响，服装被当作分贵贱，别等级的重要工具。在等级社会中，服装是一个人身份地位的外在标志。“贵贱有级，服位有等……天下见其服而知贵贱”（贾谊《新书·服疑》）。官员之间由于等级不同，服饰上有着严格的制度与规章约束，如明代文武官员的官服由于场合的不同，分有朝服、祭服、公服和常服等。对于各种服饰的式样与尺寸长短，衣料的质地、固件，帽顶的装饰区分，绣样的不同，色彩的使用乃至鞋履的选择都有严格的制度规定。明朝的统治者正是通过对各种官员不同的服饰规定，来显示官位的高低。

自从社会有了分工，职业应运而生。自古以来职业的服装样式根据其职业特点都有着职业所需的典型样式。现代社会人们极力地创造着无阶级社会，但是等级制度在职业场合衣着上仍然有

《宾虚》中托加不同的服装造型表现不同的身份地位

着一定的表现，如款式的变化、面料的优劣、色彩和装饰的细节等。服饰具有强烈的标识作用。

此外，人们追求个性化的心理，也使得人们在选择自己的服装时，根据个人的个性、态度、价值观、社会位置、自我归属等心理需要，会选择在潜意识里认为合适自己的服装，以期能正确地显示出自我的个性特质。

因此，从社会定位、职业定位及自我定位的角度，服装款式可以非常清晰地解读出着装者的身份和社会位置。在影视人物服装款式设计时，要充分利用款式造型的潜在语意，使其能够准确地反映出人物的身份。

电影《敦煌》，比较好地还原了宋朝服饰，表现了文官武将及西域民族等服饰及军戎铠甲，如电影开场的殿试场面，考生赵行德在宋仁宗面前，回答策问，殿上仁宗、大臣、赵行德的服装，反映出宋代的服饰等级制度，群臣服饰，为直脚幞头、团领袍，大臣朝服上有小团花纹。赵行德的服色，也是宋代所特有：宋朝平民，衣着大多为黑白两色。他头戴的软脚幞头，也是宋朝士人最通行的冠帽。所以，后来的酒馆场景，众书生衣着相同，都为白衣和软脚幞头。赵行德一介布衣，所以只能穿白袍或黑袍，如果他当官了以后就可以穿绿、绯、紫色的衣服，谓之脱白。而主考一般都是宰相级别，所以穿的是锦衣紫袍，旁边站着的诸位大臣也是紫袍和绯袍。从这些服装可以看出官员的等级。

款式能够表现人物性格和身份，如电视剧《北平无战事》中的一场戏，三位女性角色同在画面中，都是白色服装，设计师在这里没有采用色彩语言塑造角色，而是以款式塑造人物，清晰交代出三位角色的身份信息：程小云（陈丽娜饰）身穿白色丝质旗袍，领口和前襟有紫色镶滚细边和折枝梅绣花，素雅端庄，表现出银行行长太太的身份，以及她冰清玉洁、个性和孤傲的性格；何孝钰（沈佳妮饰）身穿白色圆角翻领衬衫，胸前有同色布装饰的精致小花边，搭配 A 字长裙，造型简练率真，表现出进步女大学生的身份，以及她温婉细腻又比较坚定执着的个性；谢木兰（姜瑞佳饰），身穿带浅色小花的白色短袖衬衫，小花边和细缎带装饰的小立领，双辫子系着与衬衫配色相同的蝴蝶结，表现出家境良好、备受宠爱、受到良好教育的教授女儿的身份，以及娇憨开朗，时髦俏皮的个性。在下图这样的场景中，服装的样式直接交代出人物的身份和职业：飞行员、军人、学生、小姐、管家、佣人。

《敦煌》中服装表现了宋代大臣与白衣书生的等级差异

《北平无战事》中以服装款式表现人物身份、地位和性格

四、款型的稳定与变化原则

稳定性原则：在影片人物造型中，人物的性格如果比较稳定，没有大的转折变化，那么最好在人物基调确定后，不要大幅度改变服装造型的外廓形，以便观众在内心形成对角色的稳定的认知。如《钢琴课》的埃达和《简·爱》（*Jane Eyre* ，2011）中的简·爱，属于稳定型性格，影片中造型款式相对稳定，变化不大。

变化原则：如果人物性格随着故事的发展有大的转折，则可以利用廓形的变化来表达人物性格或者命运的变化，以使观众理解人物的命运转折，对人物的命运产生同情和共鸣。如影片《弗里达》（*Frida*，2002），片中弗里达的服装变化非常丰富，随着她的性格、生活状态、情感状态的变化而不断变化。如《奥兰多》（*Orlando*，1992），从1600年的维多利亚时期的英国，到1990年的当代英国，在电影中，七个章节描述奥兰多在四百年里的喜怒哀乐。奥兰多的一生，结合了“死亡”“爱情”“诗歌”“政治”“社交”“性”“新生”等七个阶段，他不停成长，而非老化。奥兰多，从男性变为女性，在不同的经历里成长，最终以一个中性的形象结束。这样一部影片，服装造型是描述人物成长和生命历程的重要表象，因此，随着生命进程的发展，奥兰多从帅气俊美的男装造型，变化为雍容华美的女装造型，再到冷静理智的现代中性服装，每一个服装造型的变化都是人物不可分割的一个部分。

《简·爱》中稳定性服装造型塑造稳定的性格，不强调变化

《奥兰多》中丰富多变的造型

第二节 色彩

电影的色彩从最初的“黑、白、灰”统治银幕的“黑白”时代，到用手工为胶片涂色，再到多层感色胶片的出现；从单纯地追求电影出现色彩，到再现客观世界中的色彩，甚至到反叛客观现实，重构主观色彩。在这几十年的时间中，色彩已成为银幕世界中不可或缺的形式因素。色彩更是电影空间造型必不可缺的有机成分，成为塑造、表现人物心理和心灵，展现导演艺术思想和精神追求的电影视觉内容。

艺术教育家约翰内斯·伊顿在他的《色彩艺术》中指出：“色彩美学可以从印象（视觉上）、表现（情感上）和结构（象征上）三个方面进行研究。色彩作为一种视觉元素进入电影之初，只是为了满足人们在银幕上复制物质现实的愿望，正所谓百分之百的天然色彩。”直至安东尼奥尼导演的《红色沙漠》的出现，这部电影被称为第一部真正意义上的彩色电影，因为“安东尼奥尼像一个画家那样处理色彩，他使用了不同技巧来分离与构成色彩，以期创造出一种特殊的现实，一种与主要人物朱丽娅娜的心理状态一致的现实”。黄色的浓烟，蓝色的海，红色的巨型钢铁、机械和房间，绿色的田野显示出安东尼奥尼对工业文明的理性思考。他对色彩的处理恰如冷抽象画家蒙德里安。由此可以看出，色彩对于影视艺术来说，其在情感、精神和情绪表达方面的作用，已经远远超出单纯的反应客观世界的色彩这样的功能。

色彩是最具有感染力的视觉语言，能够为影像画面注入情感，是构成影片风格的有力艺术手段。服装设计者常用不同色彩刻画人物性格，创造情绪意境。

色彩的使用可以使人物与场景相互结合，成为人物塑造的有效方式，而且影片的主旨与风格都不可避免地要与色彩相结合，一部影片无论是场景还是人物，如果想呈现在银幕上，那色彩是必不可少的要素。

影视服装作为电影造型空间中运动的、活跃的造型元素，其色彩无论是在参与影视画面视觉塑造、气氛情绪塑造及人物塑造方面，都是极为重要的造型元素。

《红色沙漠》的色彩运用

一、色彩与色调

在人类物质生活和精神生活发展的过程中，色彩始终焕发着神奇的魅力。人们不仅发现、观察、创造、欣赏着绚丽缤纷的色彩世界，还通过日久天长的时代变迁不断深化着对色彩的认识和运用。人们对色彩的认识、运用过程是从感性升华到理性的过程。所谓理性色彩，就是借助人所独具的判断、推理、演绎等抽象思维能力，将从大自然中直接感受到的纷繁复杂的色彩印象予以规律性的揭示，从而形成色彩的理论和法则，并运用于色彩实践。

1. 色彩三要素

一切色彩都具有三大属性——色相、明度、纯度。在色彩学上，也称为色彩的三要素。熟悉和掌握色彩的三要素，对于认识色彩和表现色彩极为重要。三要素的任何一个要素改变都将影响原色彩的面貌。

（1）色相

色相是色彩的第一特征，是色彩相貌的名称。它呈现色彩本来的面貌。色相是由光的波长决定的。

白色光包含了所有的可见颜色，我们看到是由紫到红之间的无穷光谱组成的可见光区域，就像人们看到的彩虹所显示出的颜色。为了在使用颜色时更加实用，人们对它进行了简化，将它们分为 12 种基本的色相，并将他们布置为圆环进行表示，称之为色相环，如图所示。色相环由 12 种基本的颜色组成。首先包含的是色彩三原色（Primary colors），即红、黄、蓝。原色混合产生了二次色（Secondary colors），用二次色混合，产生了三次色（tertiary colors）。原色是色相环中所有颜色的“父母”。在色相环中，只有这三种颜色不是由其他颜色混合而成。三原色在色环中的位置是平均分布的。

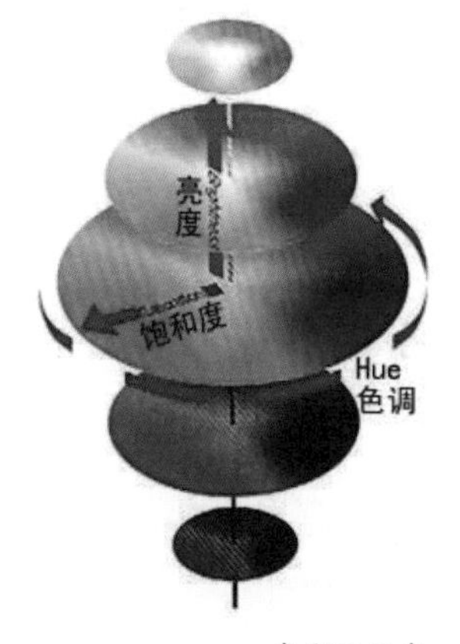

色彩三要素

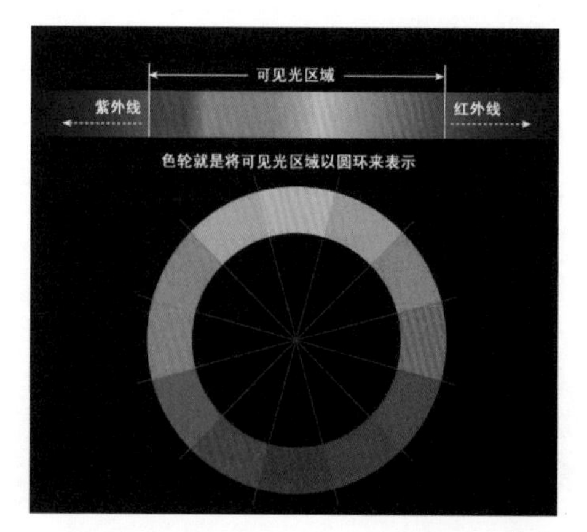

色轮

①原色

指按一定的比例相互混合，可以混合出全部色彩，而自身颜色不能被别的色彩混合成的三种色。我们使用的颜料的三原色是红、黄、蓝。这里，我们要把颜料的三原色和色光的三原色区分开，色光的三原色是红、绿、蓝。它们两者的区别只是一字之差。

三原色：红、黄、蓝，是任何颜色都调不出来的，是最基本的颜色，也称第一次色。

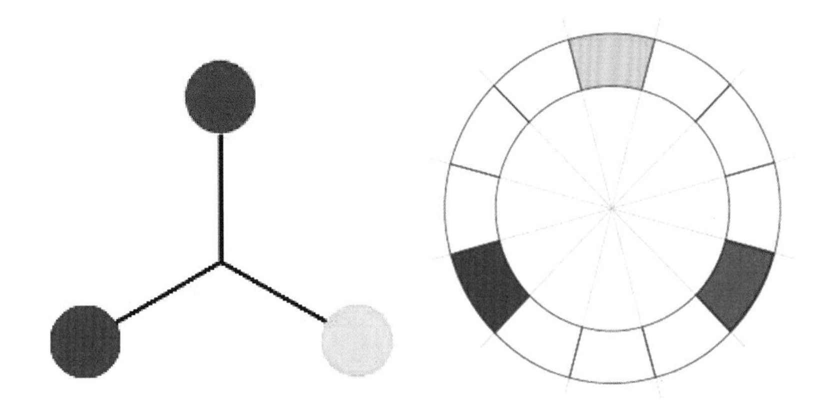

三原色

②间色

由两种原色混合而成，也称第二次色。二次色所处的位置是位于两种三原色一半的地方。每一种二次色都是由离它最近的两种原色等量混合而成的颜色。

红 + 蓝 = 紫

黄 + 蓝 = 绿

红 + 黄 = 橙

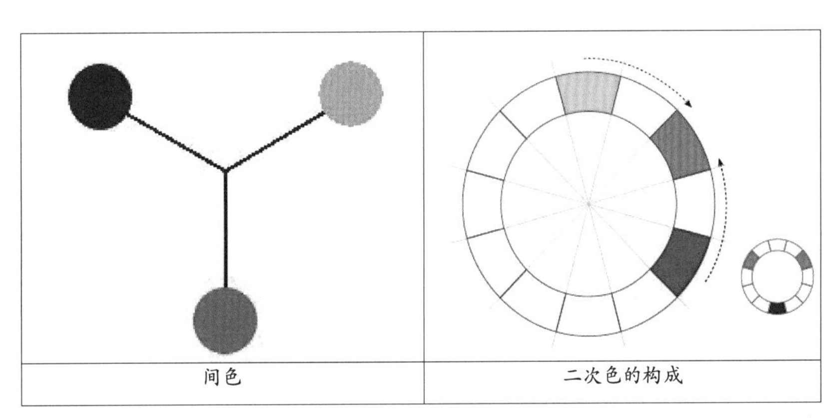

间色　二次色的构成

间色，二次色的构成

③复色

是把原色与间色或两种间色混合而成的颜色，也称第三次色。三次色是由相邻的两种二次色混合而成。

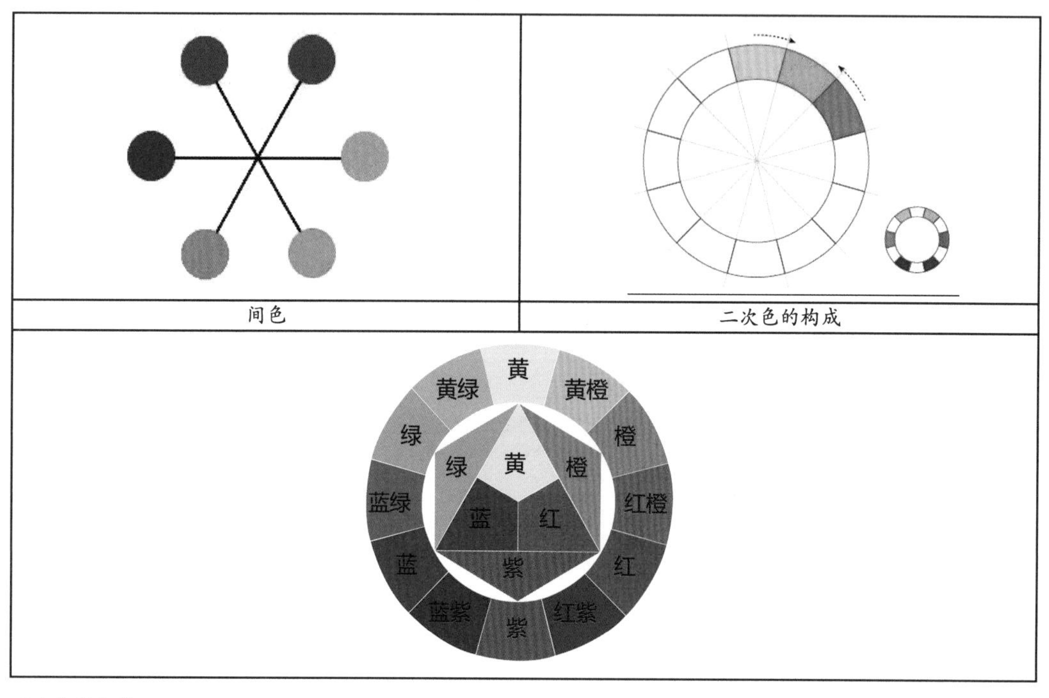

间色

二次色的构成

三次色的构成

12 色相环是由原色、二次色和三次色组合而成。色相环中的三原色是红、黄、蓝色，彼此势均力敌，在环中形成一个等边三角形。

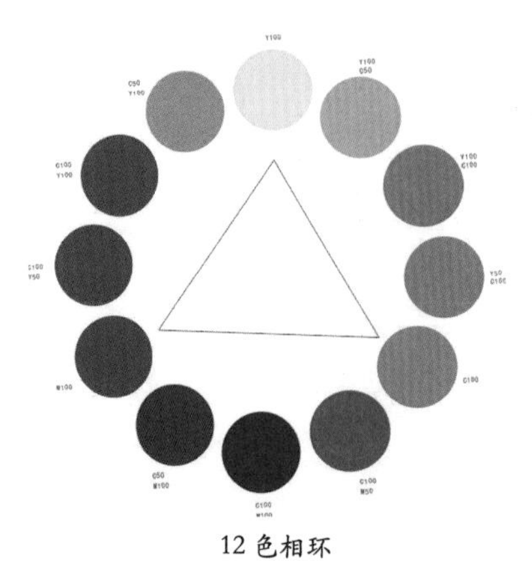

12 色相环

色相环中的颜色特点是，在色相环中的每一种颜色都拥有部分相邻的颜色，如此循环成一个色环。共同的颜色是颜色关系的基本要点，

如下图左侧色相环在这七种颜色中，都共同拥有蓝色。离蓝色越远的颜色，如草绿色，包含的蓝色就越少。绿色及紫色这两种二次色都含有蓝色。

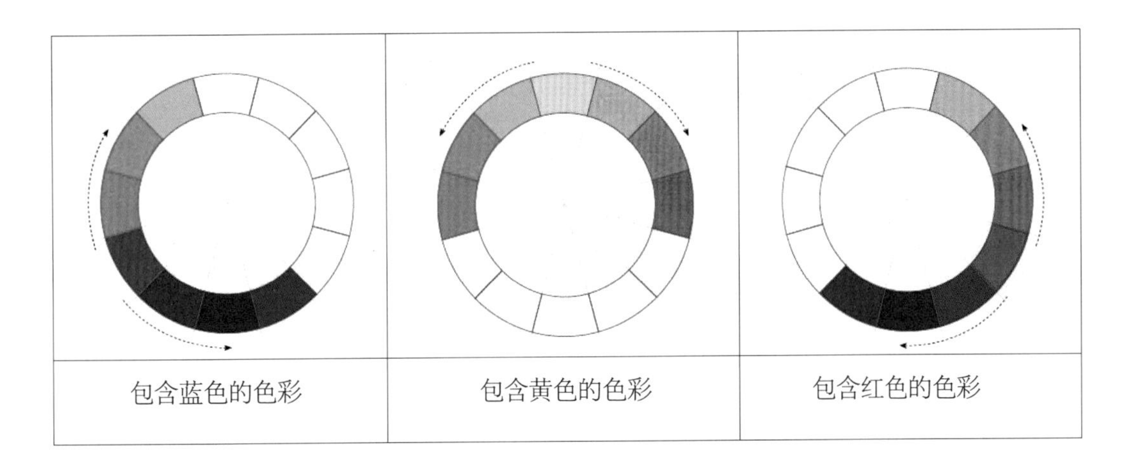

中间色相环在这七种颜色中，都拥有黄色。同样的，离黄色越远的颜色，拥有的黄色就越少。绿色及橙色这两种二次色都含有黄色。

右侧色相环在这图七种颜色中，都拥有红色。向两边散开时，红色就越来越少。橙色及紫色这两种二次色都含有红色。

（2）明度

明度是指色彩的明亮程度，也称光度、深浅度，是由光波的振幅决定的。明度是表示物体颜色深浅明暗的特征量，是判断一个物体比另一个物体能够反射较多或较少的光的属性，是色彩的第二属性。

由于各种色彩光波的振幅有大小区别，形成了色彩的明暗强弱之分。色彩的明度有两种情况：第一种是：同一种色相的明度，因光源的强弱会产生不同的变化。而同一色相如加上不同比例的黑色或白色混合后，明度也相应产生变化；第二种是，各种不同色相之间的明度不同，每一种纯色都有与其相应的明度。在色彩学中，常以黑白之间的差别作为参考依据。美国蒙赛尔色系采用11 级，黑色为 0 级，白色为 10 级。黄色明度最高，蓝紫色明度最低。红、绿色的明度中等。色彩的明度增或减会减弱纯度，某一纯色加白提高明度，加黑则降低明度，两者都将引起该色相纯度的降低。色彩的三要素在具体应用中是同时存在，不可分割的，必须同时加以考虑。

如下图所示，处于右边的暗色就是加上黑色，而左边的明色则是加上白色。五个圆环已经清楚表示了颜色如何由暗到亮的过程，但这种明色及暗色的关系只是相对而言。

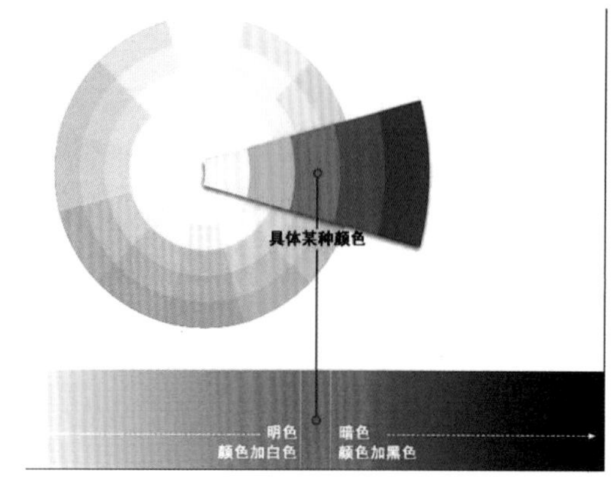

明度示意图

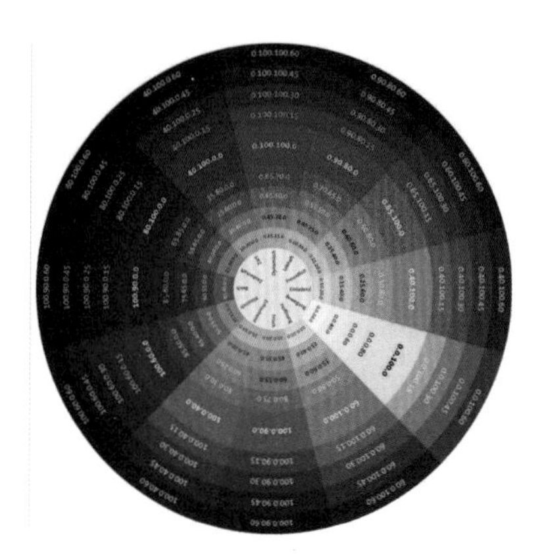
九级明度12色相环

（3）纯度

纯度指颜色的鲜艳纯净程度，又称彩度、饱和度、鲜艳度和含灰度等。色彩含有某种单色光的纯净程度，纯净度越高，色彩越纯；反之色彩纯度越低。光谱中的各种单色光为极限纯度，是最纯的颜色。当一种色彩加入黑、白或者其他颜色时，纯度就产生变化。加入其他颜色越多，纯度越低。

纯度最高的色彩就是原色，随着纯度的降低，色彩就会变得暗、淡。纯度降到最低就是失去色相，变为无彩色，也就是黑色、白色和灰色。

2. 色调

色调是指色彩外观的重要特征与基本倾向。色调由色彩的色相、明度、纯度三要素决定。

从色相方面区分有：红色调、黄色调、绿色调、蓝色调、紫色调等；

从色彩的明度区分有：明色调、暗色调、灰色调等。把明度与色相结合起来，又有对比强烈色调（包括色相强对比）、柔和色调（明度与色相差都较小）、明快色调（以明度较高的类似色为主的配色）等；

从色彩的纯度区分有：清色调（纯色加白或加黑）、浊色调（纯色加灰）。把纯度与明度结合起来，又可分为明清色调、中清色调、暗清色调。

色调还常以色彩的冷暖感觉区分：冷色调和暖色调。

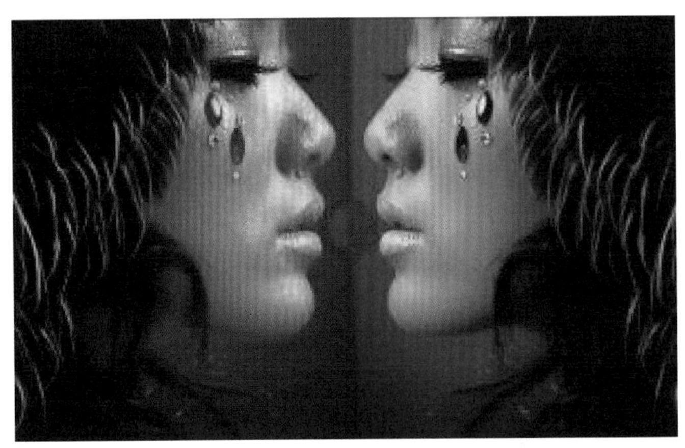

冷色调与暖色调

在艺术创作中，要善于将色彩做主观的艺术处理，使作品的色彩能够统一在某一个色调之下，这样充分利用整体色调所特有的感染力，用色调来表达创造者的感情、趣味、意境等心理要求。

PCCS（Practical Color coordinate System）色彩体系是日本色彩研究所研制的，色调系列是以其为基础的色彩组织系统。其最大的特点是将色彩的三属性关系，综合成色相与色调两种观念来构成色调系列。从色调的观念出发，平面展示了每一个色相的明度关系和纯度关系，从每一个色相在色调系列中的位置，明确地分析出色相的明度、纯度的成分含量。

PCCS色彩体系的色环的结构，是依据“三原色学说”为理论基础的。以红（R）、黄（Y）、蓝（B）为三主色，由红色和黄色产生间色——橙（O）；黄色与蓝色产生间色——绿（G）；蓝色与红色产生间色——紫（P），组成六色相。在这6个色相中，每两个色相分别再调出3个色相，便组成24色色相环。

9个色调是以24色相为主体、分别以清色系色彩、暗色系色彩、纯色系色彩、浊色系色彩命名。色调与色调之间的关系同色彩体系的三要素关系的构架是一致的，明暗中轴线由不同明度的色阶组成。

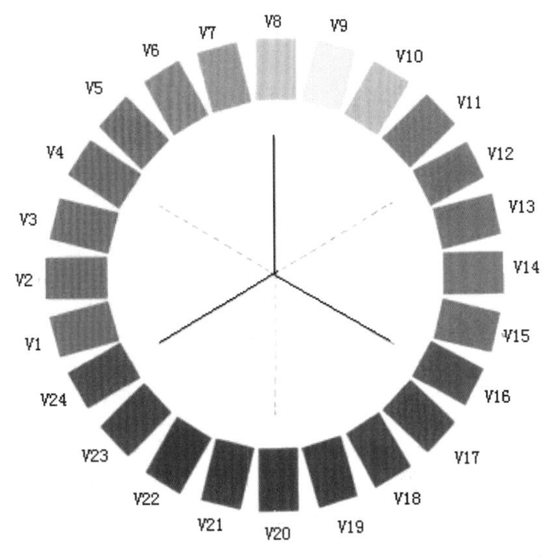

PCCS24 色环

靠近明暗中轴线的色组是低纯度的浊色系色调，Ltg 色组、g 色组。远离中轴线的色组、是高纯度的 v 色、b 色组；靠近明暗中轴线上方的色组，是高明度的清色系 P 色组、Lt 色组。中轴线下方的色组是低明度的暗色系，dp 色组、dk 色组。中央地带的色组是明度、纯度居中的 d 色组。

由此，形成如下 9 组不同明度、不同纯度的色调：

1.v 色组，纯度最高，称纯色调。

2.b 色组，明度、纯度略次，称中明调。

3.lt 色组，明度偏高，称明色调。

4.dp 色组，明度偏低，称中暗调。

5.dk 色组，明度低，称暗色调。

6.p 色组，明度高、纯度略低，称明灰调。

7.ltg 色组，明度中、纯度偏低，称中灰调。

8.d 色组，明度中、纯度中，称浊色调。

9.g 色组，明度低、纯度低，称暗灰调。

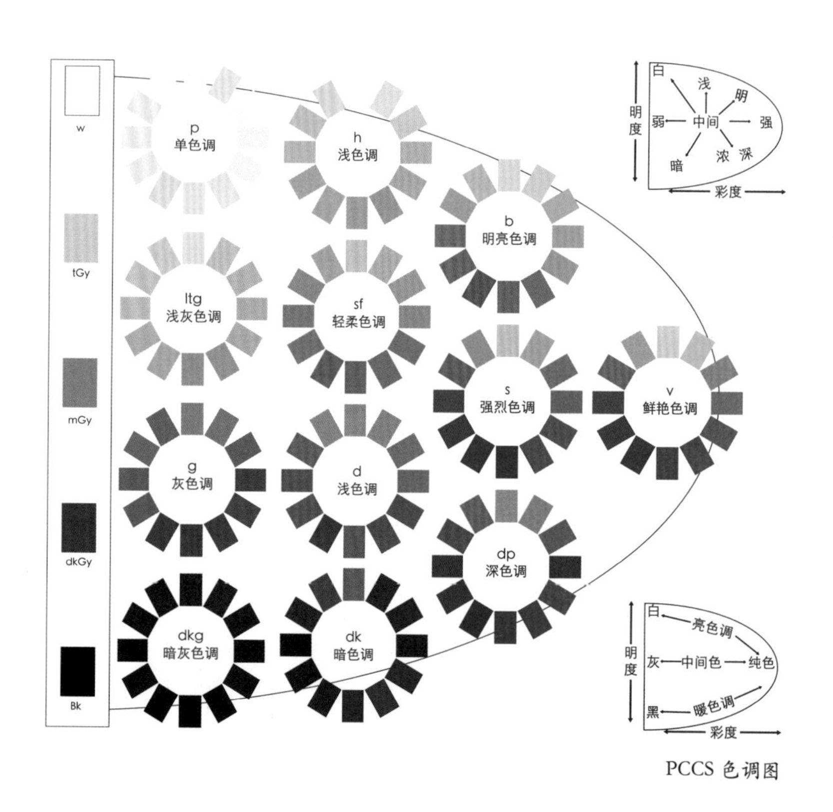

PCCS 色调图

3. 色调的美学意味

（1）鲜明的纯色调（v）

纯色调是由高纯色相组成的色调，每一个色相个性鲜明，具有挑战性、令人振奋、赏心悦目。强烈的色相对比意味着年轻，充满活力与朝气。

纯色调

（2）清新的中明调（b）

中色调的刺激感仅次于高纯色调，中色调加入了白色，提高了明度。因此显得清新、明朗，像少男少女的纯真、朝气蓬勃，具有上进精神。

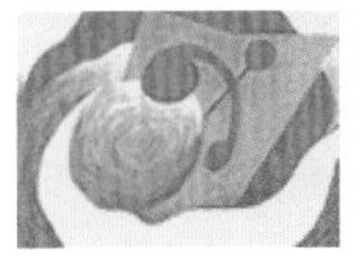
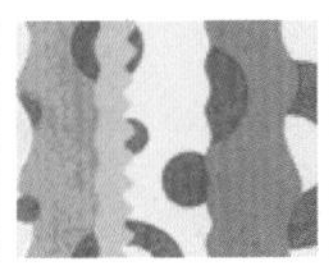
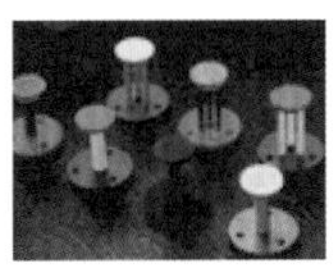

中明调

（3）明净的明色调（lt）

明色调属于青色系列，其特征是加入了多量的白色，提高整体色调的明度，色感相对减弱。明色调犹如春天的新绿，透明清丽、明净、轻快。以明色调的暖系列为主的配色，有甜美、风雅之味道，像少女般清纯。明色调的冷系列显得清凉、爽快。

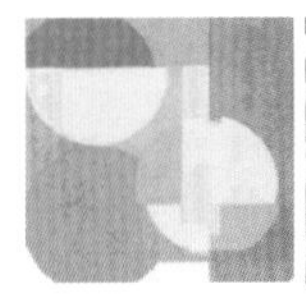

明色调

（4）高雅的明灰调（p）

这是在全色相色系大量调入浅灰颜色，色相全部带有灰浊味。由于过多调入灰白色，色相的明度提高了，形成高明度的灰调子，这是明灰调的特征。明灰调以平静的感觉，蕴含着高雅与恬静，显示出另一种美的境界。

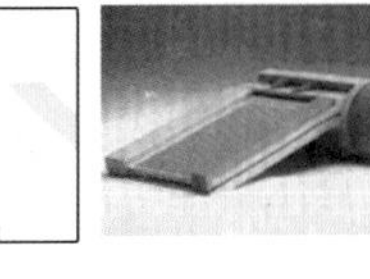

明灰调

（5）朴实的中灰调（ltg）

中灰调是一组中等明度的含灰色调，色相环中所有颜色均调入中灰色，纯度降低，色相感淡薄。中灰调带有几分深沉与暗淡，有着朴实、含蓄、稳重的特色。

中灰调

（6）浑厚的暗灰调（g）

色相环中所有颜色均调入暗灰色，使色相感呈低弱灰暗的灰调。就像乌云密布、阴郁暗淡，令人压抑。

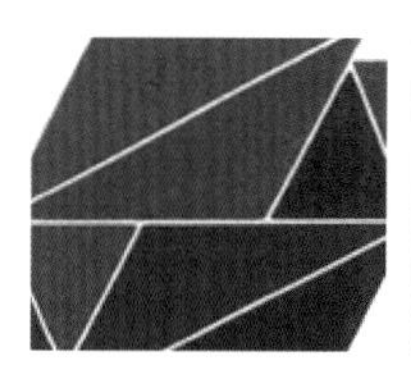

暗灰调

（7）中庸的浊色调（d）

浊色调居于色彩体系的明暗中轴线与高纯色之间的位置，具有明显的色彩个性，有宜于调和色调。

浊色调

（8）稳重的中暗调（dp）

中暗调属于暗色系色彩，调入了少量黑色。此色调在保持色相原有的基础上又笼罩了一层较深的调子，显得稳重老成、严谨与尊贵。

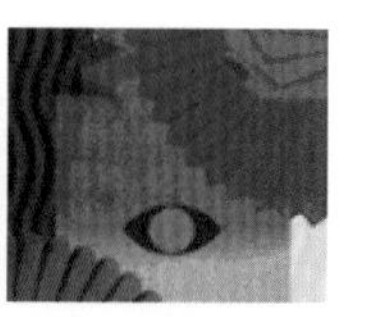

中暗调

（9）深沉的暗色调（dk）

暗色调入了大量的黑色，形成浓浓的深色调。隐约略显各色的相貌，这是暗色调的特征。表现出深沉、坚实、冷静、庄重的气质。

暗色调

现实生活中的色彩可以说是五彩缤纷、姹紫嫣红，但艺术创作决不能把生活原型照搬上银幕，它必须高于生活，才能突显出影视作品的艺术魅力，如果照搬原型，则会显得色彩纷杂，使人眼花缭乱，难以领略艺术美感。影视中的色彩应该比现实生活更高、更完美、更具有感染力和艺术魅力。它连同景物、周围环境的色彩搭配和变化来烘托整部影片的色彩，从而塑造人物，表现人物的性情。因此要想使整部片子色调优美、风格统一，必须把一部影片的色彩倾向统一于某主观的色调，这样才能使这部影片产生独特的艺术风格和强烈的感染力。

4. 配色规律

配色的一般规律为：任何一个色相均可以成为主色（主色调），与其他色相组成互补色关系、对比色关系、邻近色系和同类色关系的色彩组织。

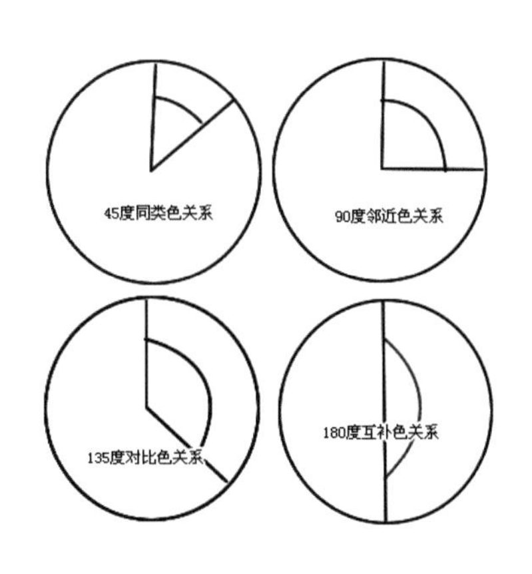

（1）互补色关系

在24色色相色环中彼此相隔12个数位或者相距180度的两个色相，均是互补色关系。互补色结合的色组，是对比最强的色组。使人的视觉产生刺激性、不安定性。如果配合不当，容易产生生硬、浮夸、急躁的效果。因此要通过处理主色相与次色相的面积大小，或分散形态的方法来调节、缓和过于激烈的效果。

如图a是一组橙蓝互补色对比的色组，橙色面积大而且加入辅助色红色，起了主导色调的作用，效果既艳丽、辉煌又安然，恰到好处。

（2）对比色关系

色相环中相距135度或者彼此相差七八个数位的两色，为对比色关系，属中强对比效果的色组。色相感鲜明，各色相互排斥，既活泼又旺盛。配色时，可以通过处理主色与次色的关系而达到色组的调和，也可以通过色相间秩序排列的方式，求得统一和谐的色彩效果。图 b 属中明调，正是这种秩序排列形式的应用。

（3）邻近色关系

色相环中相距 90 度，或者相隔五六个数位的两色，为邻近色关系，属中对比效果的色组。色相间色彩倾向近似，冷色组或暖色组较明显，色调统一和谐、感情特性一致。图 c 为蓝紫红调色组，是明色调邻近色对比关系。

（4）同类色关系

色相环中相距 45 度，或者彼此相隔二三个数位的两色. 为同类色关系，属弱对比效果的色组。同类色色相主调十分明确，是极为协调、单纯的色调。图 d 为蓝绿调色组，组成恬静柔美的效果。

5. 演色性

光源对物体色彩的显色影响叫演色性。这种评价的数值是以基准光下所看到的色彩指数为依

图 a 对比色关系

图 b 中明调对比色关系

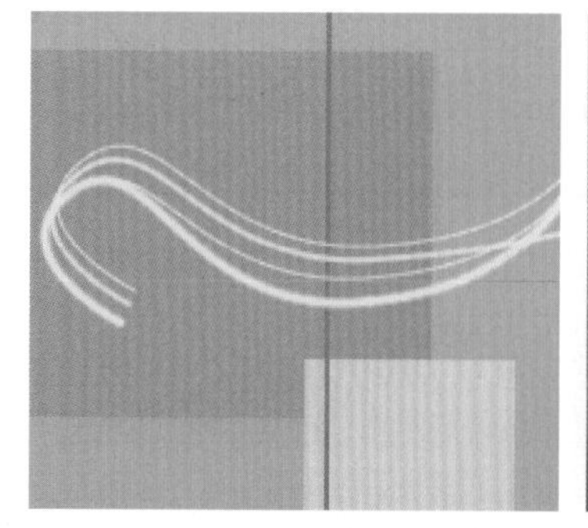

图 c 明色调邻近色关系

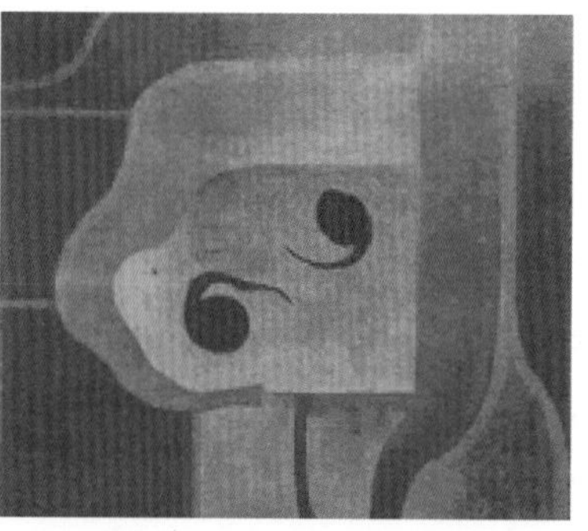

图 d 中灰调邻近色关系

据的，物体在全色光谱的照射下所反映的色彩最真实。在不同的光源照射下，物体的颜色会有不同的显色状况。服装与所有物体一样，在不同的光源条件下，会演示出不同的色彩。电影是光影造型艺术，在创作和制作过程中，光在其中起着非常重要的作用。在这样的情况下，电影服装设计师必须了解和掌握服装色彩在各种光源照射下的演色性。

光根据其来源不同，分为两个大类：自然光源和人工光源。一般将太阳光与白天的光称为自然光源，火烛光、电灯、日光灯等称为人工光源。

（1）日光的演色性：日光由于时间的早、中、晚不同，以及季节、方向、环境等不同而呈现不同的演色性。服装在这些不同的日光光源条件下，能演示出各不相同的色彩倾向。早、晚的日光偏暖，中午日光发白；不同的季节，日光有强弱的变化；室内朝北的光较稳定，朝南的光明度变化比较大。同一件衣服放在室内的窗口与屋角，由于光照不同，两者的色彩演示有较大的区别。随着光照的变化，色相和纯度也有变化。日光下的服装，受光面色相倾向于光源的变化，背光面色彩灰暗、纯度很低，色相有变化，与受光面的明度相差很大，阴影部分有与受光面色相成补色倾向，纯度也较低。

（2）普通电灯的演色性：普通白炽灯的色光是低纯度橙色的暖色光。这种灯光下的服装色彩有许多变化。如：

红色服装，变成含有黄色味的红；

黄色服装，变成光亮的红色味的黄；

橙色服装，橙色更鲜艳明亮；

绿色服装，变成暗浊的黄绿色；

青色服装，变成灰青，暗色；

紫色服装，照度低时变成暗紫，接近黑色。

普通电灯照射下的服装色彩，明度一般都较低，但整个服装在黄光的照射下，色调比较统一。在设计服装色彩时应充分考虑这些影响。

（3）日光灯的演色性：以白色光的荧光灯为例来分析其演色性。这种灯的色光稍微偏冷，它的演色也有很多变化，如：

红色、橙色系统包括褐色类的色彩——色相没有什么变化，但明度和纯度降低；

黄色系统视黄色的性质决定——色相变化不大，柠檬黄带有青色味，土黄类色彩的纯度变低；

青色或绿色系统——色相不受影响，但是变得更冷、沉着而生辉；

紫色或紫色类的色彩——会失去一部分红色味，有近似玫红的倾向。

日光灯的直接照射与强度会产生不同的演色性。

（4）彩色灯光的演色性：彩色灯光在日常生活中很常见，如广告宣传中的霓虹灯，节日里的建筑装饰和会场布置的彩灯，俱乐部、展览会、舞台照明等。彩色灯光的演色性比其他光源的演色性更强。服装色彩在彩色灯光下的色彩演示情况举例如下：

黑色服装：
红光——紫黑色
绿光——深橄榄绿
青光——青黑色

红色服装：
黄光——鲜红，微带橙味
绿光——黑褐色
蓝光——暗紫蓝色
紫光——红色

橙色服装：
红光——红橙色
黄光——橙色
绿光——淡褐色
蓝光——淡褐色
紫光——棕色

黄色服装：
红光——红色
绿光——明亮的黄绿色
蓝光——绿黄色
紫光——带暗红色

绿色服装：
红光——暗灰色
黄光——鲜绿色
蓝光——淡橄榄绿色
紫光——暗绿褐色

蓝色服装：
红光——暗蓝黑色
黄光——绿色
绿光——暗绿色
紫光——暗蓝色

紫色服装：
红光——红棕色
黄光——红褐色
绿光——带褐色味
蓝光——暗紫蓝色

当服装色彩与灯光色相同或近似，受光后原色更为鲜艳。

《天鹅绒金矿》中同一套服装在不同颜色的灯光下呈现的不同色彩

有时候摄影师采用的一些特殊表现手段对服装也有着很大影响，甚至可以使服装面目全非。比如，在英格玛・伯格曼的《野草莓》（*Wild Strawberries*，1957）中，灯光打法是以强光及浅色服装象征天真无邪的快乐童年，以暗影和黑色的服装象征单调无趣的成人世界。此外，为了渲染环境气氛和加强人物的心理变化，摄影师常采取各种效果光照明，这样就会影响到服装面料的色彩和质地感。

二、色彩的联想和象征

色彩是一种光色感觉，其本身无任何含义，有的只是人赋予它的含义。尽管如此，色彩确实可以在不知不觉间影响人的心理，左右人的情绪。色彩是设计中最具表现力和感染力的因素，它通过人们的视觉感受产生一系列的生理、心理和类似物理的效应，形成丰富的联想、深刻的寓意和象征。

色彩的直接心理效应来自色彩的物理光刺激对人的生理产生的直接影响。

心理学家对此曾做过许多实验。他们发现，在红色环境中，人的脉搏会加快，血压有所升高，情绪兴奋冲动；而处在蓝色环境中，脉搏会减缓，情绪也较沉静。有的科学家发现，颜色能影响脑电波，脑电波对红色反应是警觉，对蓝色的反应是放松。自 19 世纪中叶以后，心理学已从哲学转入科学的范畴，心理学家注重实验所验证的色彩心理的效果。

不少色彩理论中都对此作过专门的介绍，这些经验向我们明确地肯定了色彩对人心理的影响。冷色与暖色是依据心理错觉对色彩的物理性分类，对于颜色的物质性印象，大致由冷暖两个色系产生。波长长的红光和橙、黄色光，本身有暖和感，以此光照射到任何色都会有暖和感。相反，波长短的紫色光、蓝色光、绿色光，有寒冷的感觉。

以上的冷暖感觉，并非来自物理上的真实温度，而是与我们的视觉与心理联想有关。

除去冷暖色系具有明显的心理区别以外，色彩的明度与纯度也会引起对色彩物理印象的错觉。一般来说，颜色的重量感主要取决于色彩的明度，暗色给人以重的感觉，明色给人以轻的感觉。纯度与明度的变化给人以色彩软硬的印象，如淡的亮色使人觉得柔软，暗的纯色则有强硬的感觉。

冷色与暖色除去给我们温度上的不同感觉以外，还会带来一些其他感受，例如，重量感、湿度感等。比方说，暖色偏重，冷色偏轻；暖色有密度强的感觉，冷色有稀薄的感觉。两者相比较，冷色的透明感更强，暖色则透明感较弱；冷色显得湿润，暖色显得干燥；冷色给人很远的感觉，暖色则有迫近感。

1. 色彩视觉心理

不同波长色彩的光信息作用于人的视觉器官，通过视觉神经传入大脑后，经过思维，与以往的记忆及经验产生联想，从而形成一系列的色彩心理反应。

（1）色彩的冷、暖感

色彩本身并无冷暖的温度差别，是视觉色彩引起人们对冷暖感觉的心理联想。

暖色：人们见到红、红橙、橙、黄橙、红紫等色后，马上联想到太阳、火焰、热血等物像，产生温暖、热烈、危险等感觉。

冷色：见到蓝、蓝紫、蓝绿等色后，则很易联想到太空、冰雪、海洋等物像，产生寒冷、理智、平静等感觉。

人们往往用不同的词汇表述色彩的冷暖感觉：

暖色——阳光、不透明、刺激的、稠密、深的、近的、重的、男性的、强性的、干的、感情的、方角的、直线型、扩大、稳定、热烈、活泼、开放等。

冷色——阴影、透明、镇静的、稀薄的、淡的、远的、轻的、女性的、微弱的、湿的、理智的、圆滑、曲线型、缩小、流动、冷静、文雅、保守等。

中性色：绿色和紫色是中性色。黄绿、蓝、蓝绿等色，使人联想到草、树等植物，产生青春、生命、和平等感觉。紫、蓝紫等色使人联想到花卉、水晶等稀贵物品，故易产生高贵、神秘感。至于黄色，一般被认为是暖色，因为它使人联想起阳光、光明等，但也有人视它为中性色，当然，同属黄色相，柠檬黄显然偏冷，而中黄则感觉偏暖。

色彩的冷、暖感

（2）色彩的轻、重感

这主要与色彩的明度有关。明度高的色彩使人联想到蓝天、白云、彩霞及许多花卉，还有棉花、羊毛等，产生轻柔、飘浮、上升、敏捷、灵活等感觉；明度低的色彩易使人联想钢铁，大理石等物品，产生沉重、稳定、降落等感觉。

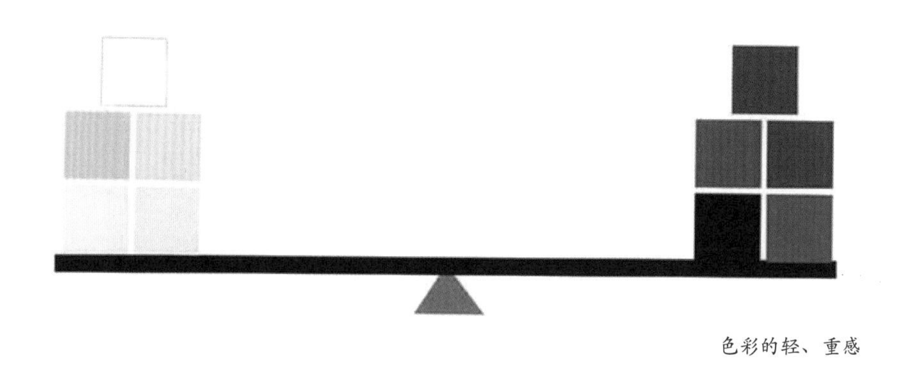

色彩的轻、重感

（3）色彩的软、硬感

其感觉主要也来自色彩的明度，但与纯度亦有一定的关系。明度越高，感觉越软，明度越低则感觉越硬，但白色反而软感略低。明度高、纯底低的色彩有软感，中纯度的色也呈柔感，因为它们易使人联想起骆驼、狐狸、猫、狗等好多动物的皮毛，还有毛呢，绒织物等。高纯度和低纯度的色彩都呈硬感，如它们明度越低则硬感更明显。色相与色彩的软、硬感几乎无关。

色彩的软、硬感

（4）色彩的前、后感

由各种不同波长的色彩在人眼视网膜上的成像有前后，红、橙等光波长的色在后面成像，感觉比较迫近，蓝、紫等光波短的色则在外侧成像，在同样距离内感觉就比较后退。实际上这是视错觉的一种现象，一般暖色、纯色、高明度色、强烈对比色、大面积色、集中色等有前进感觉，相反，冷色、浊色、低明度色、弱对比色、小面积色、分散色等有后退感觉。

前进、膨胀的颜色　　　　后退、收缩的颜色

（5）色彩的大、小感

由于色彩有前后的感觉，因而暖色、高明度色等有扩大、膨胀感，冷色、低明度色等有显小、收缩感。

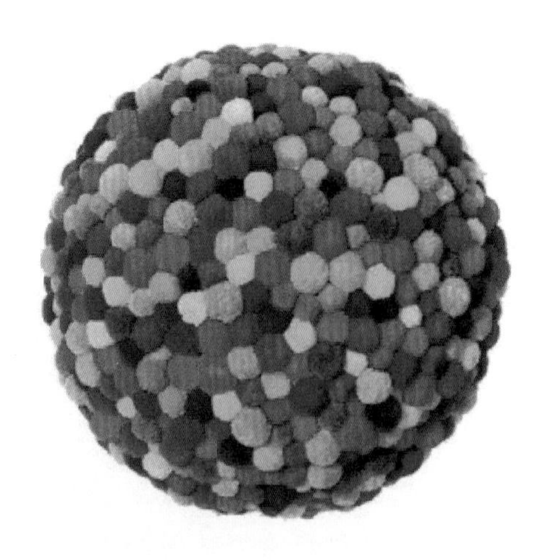

色彩的扩大感和缩小感

（6）色彩的华丽、质朴感

色彩的三要素对华丽及质朴感都有影响，其中纯度关系最大。明度高、纯度高的色彩，丰富、强对比色彩感觉华丽、辉煌。明度低、纯度低的色彩，单纯、弱对比的色彩感觉质朴、古雅。但无论何种色彩，如果带上光泽，都能获得华丽的效果。

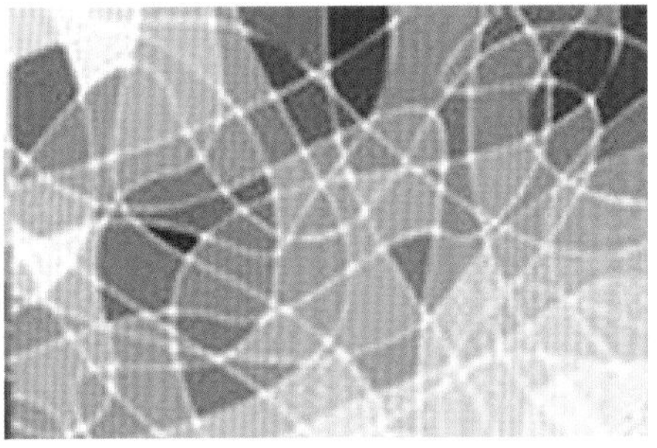

华丽的色彩和质朴的色彩

（7）色彩的活泼、庄重感

暖色、高纯度色、丰富多彩色、强对比色感觉跳跃、活泼，有朝气。冷色、低纯度色、低明度色感觉庄重、严肃。

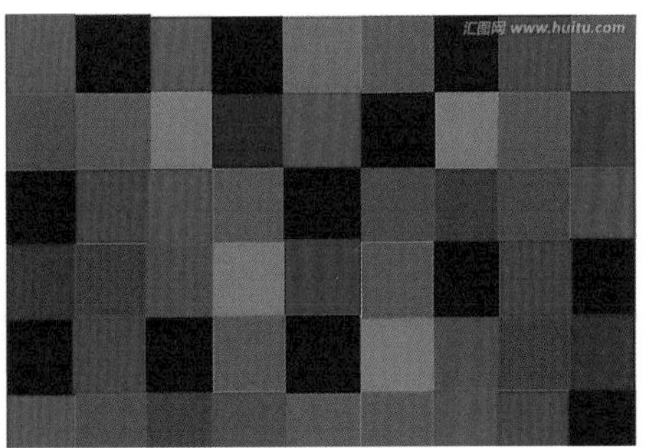

活泼的色彩和严肃的色彩

（8）色彩的兴奋、沉静感

其影响最明显的是色相，红、橙、黄等鲜艳而明亮的色彩给人以兴奋感，蓝、蓝绿、蓝紫等色使人感到沉着、平静。绿和紫为中性色，没有这种感觉。纯度的关系也很大，高纯度色兴奋感，低纯度色沉静感。最后是明度，暖色系中高明度、高纯度的色彩呈兴奋感，低明度、低纯度的色彩呈沉静感。

兴奋与沉静感

2. 色彩的心理联想

色彩的联想带有情绪性的表现。受到观察者年龄、性别、性格、文化、教养、职业、民族、宗教、生活环境、时代背景、生活经历等各方面因素的影响。

色彩的联想有具象和抽象两种：

①具象联想是人们看到某种色彩后，会联想到自然界、生活中某些相关的事物。

②抽象联想是人们看到某种色彩后，会联想到理智、高贵等某些抽象概念。

一般来说，儿童多具有具象联想，成年人较多抽象联想。

不同色彩的联想与象征意义：

（1）红色

红色的波长最长，穿透力强，感知度高。它易使人联想起太阳、火焰、热血、花卉等，感觉热烈、刺激、成熟、紧张、温暖、兴奋、活泼、热情、积极、希望、忠诚、健康、充实、饱满、幸福等向上的倾向，但有时也被认为是幼稚、原始、暴力、危险、卑俗的象征。红色历来是我国传统的喜庆色彩，同时象征着抗争等。

深红及带紫味的红给人感觉是庄严、稳重而又热情的色彩、常见于欢迎贵宾的场合。含白的高明度粉红色，则有柔美、甜蜜、梦幻、愉快、幸福、温雅的感觉，几乎成为女性的专用色彩。

（2）橙色

橙与红同属暖色，具有红与黄之间的色性，它使人联想起火焰、灯光、霞光、水果等物象，是最温暖、响亮的色彩，使人感觉活泼、华丽、辉煌、跃动、炽热、温情、甜蜜、愉快、幸福等，但也具有疑惑、嫉妒、伪诈等消极的情感倾向。含灰的橙成咖啡色，含白的橙成浅橙色，俗称血牙色，与橙色本身都是装中常用的甜美色彩，也是众多消费者特别是妇女、儿童、青年喜爱的服装色彩。

（3）黄色

黄色是所有色相中明度最高的色彩，具有轻快、光辉、透明、活泼、光明、辉煌、希望、功名、健康等印象。但黄色过于明亮而显得刺眼，并且与其他色相混即易失去其原貌，故也有轻薄、不稳定、变化无常、冷淡等不良含义。在中国象征权威。含白的淡黄色感觉平和、温柔，含大量淡灰的米色或本白则是很好的休闲自然色，深黄色却另有一种高贵、庄严感。由于黄色极易使人想起许多水果的表皮，因此它能引起富有酸性的食欲感。黄色还被用作安全色，因为这极易被人发现，如室外作业的工作服。

（4）绿色

在大自然中，除了天空和江河、海洋，绿色所占的面积最大，草、叶植物，几乎到处可见，它象征生命、青春、和平、安详、新鲜等。绿色最适应人眼的注视，有消除疲劳、调节视力功能。黄绿带给人们春天的气息，颇受儿童及年轻人的欢迎。蓝绿、深绿是海洋、森林的色彩，有着深远、稳重、沉着、睿智等含义。含灰的绿、如土绿、橄榄绿、咸菜绿、墨绿等色彩，给人以成熟、老练、深沉的感觉，是被人们广泛用于军、警规定的服色。

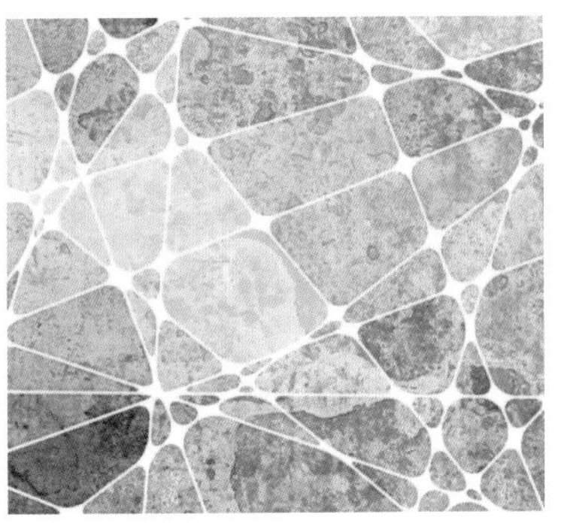

（5）蓝色

与红、橙色相反，是典型的寒色，表示沉静、冷淡、理智、高深、透明等含义，随着人类太空事业的不断开发，它又有了象征高科技的强烈现代感。

浅蓝色系明朗而富有青春朝气，为年轻人所钟爱，但也有不够成熟的感觉。深蓝色系沉着、稳定，是中年人普遍喜爱的色彩。其中略带暧昧的群青色，充满着动人的深邃魅力，藏青则给人以大度、庄重的印象。靛蓝、普蓝因在民间广泛应用，似乎成了民族特色的象征。当然，蓝色也有其另一面的性格，如刻板、冷漠、悲哀、恐惧等。

（6）紫色

具有神秘、高贵、优美、庄重、奢华的气质，有时也感孤寂、消极。尤其是较暗或含深灰的紫，易给人以不祥、腐朽、死亡的印象。但含浅灰的红紫或蓝紫色，却有着类似太空、宇宙色彩的幽雅、神秘之时代感，为现代生活所广泛采用。

（7）黑色

黑色为无色相无纯度之色。往往给人感觉沉静、神秘、严肃、庄重、含蓄，另外，也易让人产生悲哀、恐怖、不祥、沉默、消亡、罪恶等消极印象。尽管如此，黑色的组合适应性却极广，无论什么色彩特别是鲜艳的纯色与其相配，都能取得赏心悦目的良好效果。但是不能大面积使用，否则，不但其魅力大大减弱，相反会产生压抑、阴沉的恐怖感。

（8）白色

白色给人的印象是洁净、光明、纯真、清白、朴素、卫生、恬静等。在它的衬托下，其他色彩会显得更鲜丽、更明朗。多用白色还可能产生平淡无味的单调、空虚之感。

（9）灰色

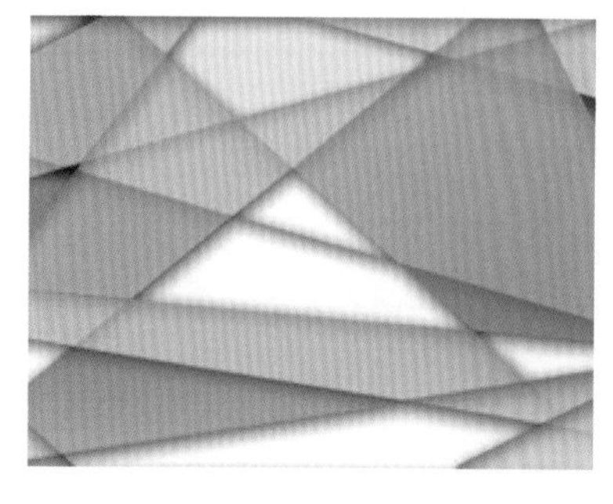

灰色是中性色，其突出的性格为柔和、细致、平稳、朴素、大方，它不像黑色与白色那样会明显影响其他的色彩。因此，作为背景色彩非常理想。任何色彩都可以和灰色相混合，略有色相感的含灰的颜色能给人以高雅、细腻、含蓄、稳重、精致、文明而有素养的高档感觉。当然滥用灰色也易暴露其乏味、寂寞、忧郁、无激情、无兴趣的一面。

（10）土褐色

含一定灰色的中、低明度各种色彩，如土红、土绿、熟褐、生褐、土黄、咖啡、咸菜、古铜、驼绒、茶褐等色，性格都显得不太强烈，其亲和性易与其他色彩配合，特别是和鲜色相伴，效果更佳。土褐色也使人想起金秋的收获季节，故均有成熟、谦让、丰富、随和之感。

（11）光泽色

除了金、银等贵金属色以外，所有色彩带上光泽后，都有华美的特色。

金色，富丽堂皇，象征荣华富贵，名誉忠诚；

银色，雅致高贵，象征纯洁、信仰，比金色温和。

它们与其他色彩都能配合。几乎达到“万能”的程度。小面积点缀，具有醒目、提神作用，大面积使用则会产生过于眩目负面影响，显得浮华而失去稳重感。如若巧妙使用，装饰得当，不但能起到画龙点睛作用，还可产生强烈的高科技现代美感。

3. 色调的联想

色彩的联想不止发生在色相环的纯色相上，且具有不同色相、纯度、明度、色调的色彩都能唤起观者的不同联想情感。

色调所引起的联想举例如下：

鲜调——兴奋、生动、华丽、悦人、花哨、自由、动感、积极、健康；

亮调——年轻、光辉、新鲜、开朗、女性化、华丽、健康、幸福、愉快、清澈、新潮、甜蜜、细腻；

浅调——清爽、简洁、柔弱、安定、成熟、明媚、开朗、愉快；

深调——生动、高尚、趣味、老练、深邃、充实、古典、传统性；

涩调——安慰、柔弱、朦胧、沉着、平静、朴实；

淡调——明亮、凉爽、清澈、开朗、浪漫、甜蜜、幸福；

暗调——朴实、老成、老练、深邃、硬、强、充实、男性化、稳重、沉着、结实；

浅浊调——干脆、简洁、柔弱、消极、成熟；

浊调——浑浊、质朴、柔弱、消极、成熟。

4. 色彩的象征性

色彩的象征性来源于联想，因此它的内容有共性，也有差异。色彩受民族、地域、历史、时代、文化等因素制约，其表现意义大不相同，象征、隐喻的内容也有很大差异。

色彩的象征内容，并不是人们凭空想象的产物，它是人们在长期生活中感受、认识和应用过程中总结的一种说法，当然，所谓的象征的内容并不是绝对的。它和地域、时代、民族等文化环境的差异有着密切的联系。以下列举几种主要色彩的象征意义。

（1）红色

红色在光谱中光波最长，在视网膜上成像的位置最深，具有较为强烈的刺激作用，极易引起注意、兴奋、紧张等情绪。心理学家通过实验发现，红色能够使肌肉的机能和血液循环加强。由于红色的刺激性，常常用来作为革命旗帜、报警信号、交通标示等的指定色。在中国人的用色习惯中，红色表示喜庆和吉利，是传统的节日色彩；中华民族婚娶喜庆喜欢挂红灯、穿红衣、配红花等。而西方人则将红色用于小面积的装饰。

红色与柠檬黄搭配：红色变暗，呈现出被征服的效果；

红色与粉红色搭配：有平衡、减小热度的感觉；

红色与蓝绿色搭配：红色变得如燃烧的火焰；

红色与橙色搭配：红色显得暗淡无光；

红色与黑色搭配：红色即刻迸发出最大的、不可征服的、超凡的热情，同时也传递出危险的信号。

（2）橙色

橙色是黄色和红色的混合色，处于最辉煌的顶点，是色环中最温暖的色彩。它也是一种令人激奋的色彩，具有轻快、明朗、华丽、活泼、时尚的效果。橙色是易引起食欲的色彩，常用于食品包装的设计上。

（3）黄色

黄色是色相环中最明亮、最辉煌的色彩，具有快乐、希望、智慧和明朗的个性。黄色有着金色的光芒，在东方，黄色是帝王专用色，中国皇帝的龙袍、龙椅以用其他器具都使用黄色，象征权利和崇高。

黄色与白色搭配：黄色变暗，白色将黄色推到次要地位；

黄色与黑色搭配：黄色变得更加辉煌、积极；

黄色与橙色搭配：就像阳光照射在成熟的麦田中一样强烈；

黄色与绿色搭配：由于绿色中含有黄色的成分，所以有亲和力；

黄色与红色搭配：有着强有力的视觉效果，表现出一种欣喜、辉煌夺目的效果。

（4）绿色

绿色的视觉观感比较舒适、温和，它令人联想起郁郁葱葱的森林、草坪和绿油油的田野。意味着生长、丰饶、充实、和平与希望。绿色在伊斯兰教国家是最受欢迎的颜色，因为绿色象征生命。当绿色向黄色倾斜变成黄绿色时，使我们联想到大自然的清新美好的春天。

（5）蓝色

蓝色是色环中最冷的颜色，属短光波。蓝色使人联想到了宇宙、天空与海洋，是最具清爽、清新感觉的色彩。

在西方，蓝色象征着贵族，所谓“蓝色血统”是说明出身名门或有贵族血统，身份高贵。在中国传统陶瓷艺术中，青花瓷器上的蓝色，则表现了中国人沉稳内敛的民族性格。现代人把蓝色作为科学探讨领域的代表色，因此，蓝色也就成了科技的色彩，使人联想到空旷的远景、宁静的思考。

蓝色与黄色搭配：蓝色变暗，缺乏明亮度；

蓝色与黑色搭配：蓝色表现出一种明亮的高纯度的力量，如同黑暗中的一丝光线一样闪耀；

蓝色与深褐色搭配：蓝色能使深褐色变得更生动、明快。

（6）紫色

紫色是色相环中明度最低的颜色。鲜明的紫色高贵庄重，是古代中国高官的官袍色；在古希腊是国王服饰色。紫色也象征虔诚的色相，当紫色变深变暗时，是蒙昧迷信的象征，给人以消极、动荡不安的感觉。

紫色被认为是具有女性化的色彩，因为紫色容易让人想紫丁香、紫罗兰一类的花儿。在服装设计中，紫色经常使用在女性服饰中，体现了一种温柔、优雅、浪漫的情调。

（7）黑色

黑色是整个色彩体系中最暗的颜色，很容易使人联想到黑暗、悲伤、死亡和神秘，因此，西方国家把黑色视为丧礼的服装颜色。实际上，黑色除了给人负面的感受，也有着正面的意义，黑色具有男性坚实、刚强的性格，黑色服饰可以体现男性庄重、沉稳、肃穆的仪表和气质。黑色经常与优雅、个性、值得信赖等感受相关。

（8）白色

白色是由全部可见光均匀混合而成的，为全色光，是光明的象征。白色具有明亮、朴素、贞洁、神圣的效果。在中国传统的习俗上，白色表示对故去亲人的缅怀、悲哀，一般是丧事用色。白色在西方是结婚礼服的色彩，象征神圣和纯洁。

（9）灰色

灰色从光感上看居于白色和黑色之间，属于中等明暗、无彩度和低彩度的色彩。由于它对眼睛的刺激适中，所以在生活中，灰色的应用越来越广泛，变化也更加丰富。灰色可以给人消极和积极两方面的感觉。消极方面即视觉心理对灰色的反应平淡、乏味，甚至沉闷、寂寞、颓废；积极方面则是灰色给人以精致、含蓄、高雅等印象。

由于电影艺术是基于民族、文化、历史、社会等层面的艺术创作，作为其中元素的服装也必须要统一于影片的民族、文化、历史、社会等情感要求，因此，影视服装设计者必须要对色彩的象征性及其背后的文化内涵多做深入了解和研究，才能够做到在设计中，正确运用色彩这一情感和造型元素。

日本影片《乱》（*Ran*，1985）中主要人物除狂阿弥外，其他主要人物的服装颜色大都比较清晰单纯，并具有隐喻的意味。秀虎与其长子出场时都穿着黄色和服，黄色在东方被看作是一种权力的象征，而影片开始不久，权力在握的秀虎打算将此权力移交给长子，体现了一种王权的承袭关系。二儿子次郎的服装在影片中始终以红色为主，红色是充满危险、暴力的颜色，次郎不满父亲将王位传给大哥，他的手下帮他斩草除根，杀死了太郎，驱逐父亲，最后，次郎又亲自派人杀死三郎，所有行动都印证了红色所隐含的力量。影片中围困三城的战争场面，始终以红色为背景，在红色的鲜血与火光中，主人公的权力欲望在燃烧。三郎的着装主要以天蓝色为主，这种蓝色接近天空的颜色，显得纯净而又和平，这也正符合三郎的性格。影片开头，父亲睡着了，只有三郎默默地砍了树枝为父亲遮阴；秀虎被驱逐并处于崩溃时刻，只有三郎率领军队救助父亲。所有行为都表现了三郎的善良、真挚、孝顺。但是蓝色又是一种忧郁悲伤的颜色，三郎的不得志，最后被刺杀，都让人深感无奈。人物服装中，最富于变化的便是秀虎的服装色彩。秀虎被两个儿子驱逐甚至追杀，服装由原来的象征权力的黄色换成了白色。里衬则以红色为主。白色代表纯洁，是最接近上帝的颜色，但这种色彩又是最无助的颜色，红色除了暴力与危险，还预示着疯狂，所以，当秀虎疯癫地跑在荒原上，红白两色在呼啸的风中交错缠绕，表面无助而内心疯狂的老人形象呈现在观众面前，令人百感交集。狂阿弥的服装是影片中最鲜艳花哨的服装，这符合他的年龄身份，又与剧中主要人物形成鲜明对比，整部影片都以利己主义和杀戮场面为主，陷于权力中心的人们都已被私利、欲望、仇恨扭曲了灵魂，只有这个身穿花衣的年轻人显示着真正的生命的活力与热情。生活应像他那样无忧无虑，可现实却充满了血腥与仇恨。

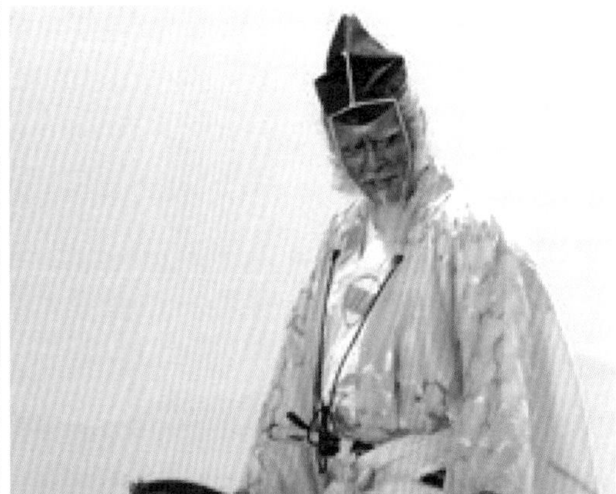

《乱》中色彩象征性的运用

三、电影中的色彩

对于影视服装来说，服装色彩在电影中有时甚至比款式和面料质地更有视觉冲击力与感染力，它给予观众强烈的第一印象。因此，要驾驭影视服装的色彩除了要掌握服装色彩设计规律之外，更要对电影的整体色彩关系有所掌握。因为影视服装与影视在色彩上的关系是宏观与微观、整体与局部的关系。

从美术角度来说，电影色彩构成要素有形色、光色和语境色；从摄影角度来说，电影色彩构成要素有光色、画色和片色；从导演角度来说，电影色彩构成要素有语言色、基调色。由于美、摄、导分工的不同，他们完成的色彩造型内容也不尽相同，但在色相、色性、色度的把握上是相同的，把握全片色彩总体基调与局部场景色调、人物色彩、镜头画面色彩等的关系是完全一致的。

从下图我们可以看到电影服装色彩是属于以美术角度来考虑的范畴。电影服装设计师是属于电影美术这一创造部门中的一个组成部分，因此，服装设计师主要从美术角度出发来考虑服装色彩在电影色彩中的构成。同时设计师也要对摄影和导演角度的电影色彩构成要素有所了解，以便三者沟通与合作。

1. 美术角度——形色、光色、语境色

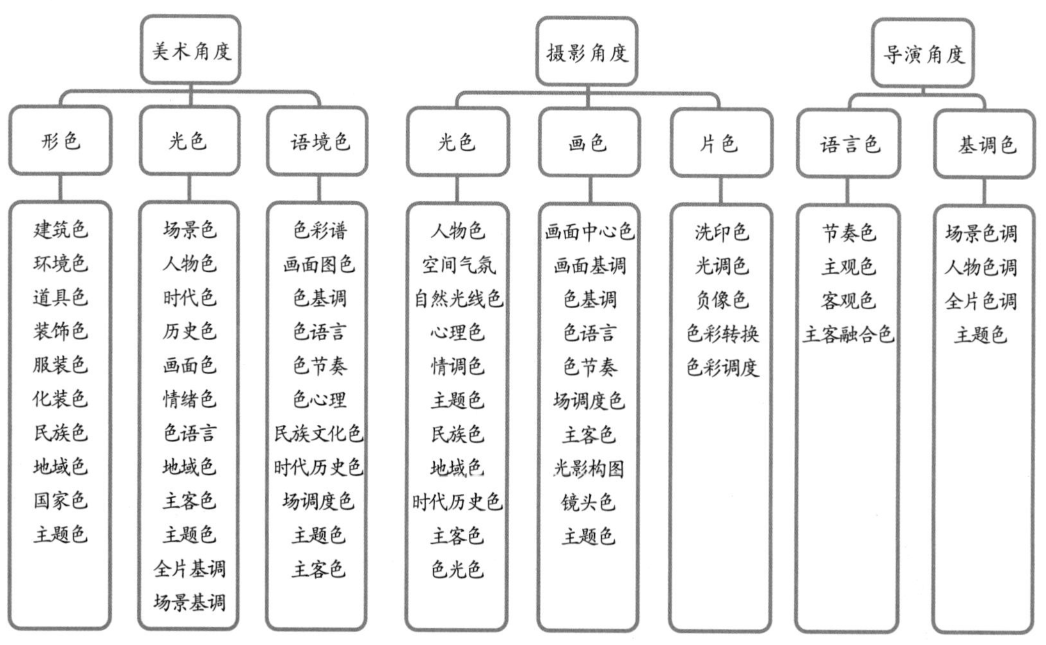

美术、摄影、导演把握影片色彩的大体内容

从美术角度的创作思维范围和造型设计内容谈构成电影色彩的要素，可概括为“三色”：形色、光色、语境色。

（1）形色

所谓“形色”是指建构未来影片具体视像的本体色彩，即银幕造型世界的具体空间环境和人物艺术形象的本体色彩。“形色”的具体内容可包括：

① 建筑色彩——人物活动空间的建筑部分的本色；

② 环境色彩——自然环境与人工环境的综合色彩；

③ 道具色彩——陈设道具、随身道具的本质色彩；

④ 装饰色彩——空间里各种花草、幔帐、挂饰、地饰物等的貌色；

⑤ 服装色彩——演员身着各式服装、鞋帽等的质色；

⑥ 化装色彩——人物肤色与饰品的色泽；

⑦ 效果色彩——在特殊情景下的空间环境、服装道具的“做旧”色彩及人物特型化装色彩。

作为以上“形色”内容之一的“服装色彩”不是独立其他形色以外，它必须与其他的形色有机地成为一个整体。它们相互依赖、相互构成视觉画面上的统一、对比、平衡、节奏等美的形式法则。

（2）光色

所落“光色”，指在光作用下的银幕视觉形象的色彩和色调。其内容包括：

① 场景色调——单元场景空间的色彩主调；

② 色彩基调——光作用下全片空间环境的色彩总调；

③ 气氛色彩——影片空间环境特殊气氛的色彩，如火灾、凶杀、战争等场面的色彩。

在早期手工上色的影片中，有些场面用染色来显示各种不同的气氛：如《一个国家的诞生》（*The Birth of A Nation*，1915）中，大火的场面染成红色，夜景染成蓝色，恋爱场面的外景则染成淡黄色。又如，《红高粱》中的最后一场：为罗汉大哥报仇，轰炸日本兵及卡车，结果全部壮烈牺牲，仅剩影片中的“我的父亲”。此时的气氛色彩全是一片血红色。太阳是红色的；“奶奶”的脸是红色，衣服也是红色的；高粱地里的高粱是红色的；打碎的高粱酒也是红色的；洒在地上的酿酒汉子的血更是红色的，使整部影片的气氛色彩达到了顶端。

（3）语境色

所谓“语境色”，特指构筑银幕语言视像并形成某种艺术风格和个体特征的色彩及基调色彩。

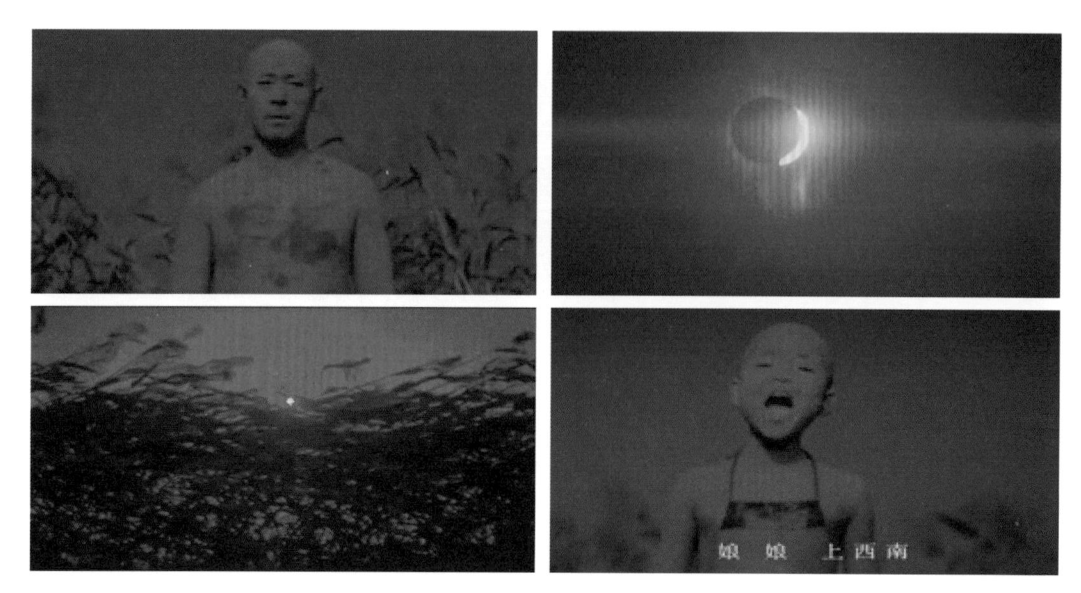

《红高粱》中气氛色彩的运用

其内容大体包括：

① 客观色彩——美术师对空间环境和人物形象诸造型色彩的真实再现；

② 主观色彩——美术师对空间环境和人物形象色彩主观想象的表现；

③ 人物色彩——以主客色彩或色调表现人物的思想、性格、情感、品行、心理、心灵等内容；

④ 民族文化色彩——经过集中概括并强化了的不同民族的空间环境和人物的色彩倾向；

⑤ 地域文化色彩——经过典型化了的不同国家、地区等客观再现色彩和主观表现色彩；

⑥ 时代色彩——特定的政治、经济、文化等状况为依据而划分的某个时期的代表性色彩；

⑦ 历史色彩——美术师对影片特定社会的发展过程的主观评判性色彩。

2. 摄影角度——光色、画色、片色

所谓“光色”，与美术师“光色”的创作思维基本相同。当然有时也很不相同。不过就摄影师的创作角度，在拍摄现场，更注重人物形象的光色造型和银幕空间环境的氛围的光色艺术处理。

所谓“画色”，指摄影师通过摄影机镜头进行构图的画面造型色彩。它包括对运动状态中或“静止”状态中的画面色彩、画面色调及画面影调的艺术处理。摄影师对画面色彩的选择和构成时，要运用色彩的对比、和谐及色彩的配置完成画面形象的造型任务，要组织电影画面的色彩中心，要形成某种情调气氛，使之具有特定含义，并能构成电影词语。在现代电影作品中常出现的“负象”画面即用于表现梦幻或主观想象等非现实的景象，银幕画面色彩呈原形象色彩的补色现象，亮暗色相与现实完全颠倒，有强烈的幻觉感、异常感，此属画色的另一种表现特征。摄影师的“画色”处理与美术师的“语境色”创意有很多相同或相似之处。

所谓“片色”，指在正式洗印样片或拷贝影片的过程中经过配光的胶片色彩。为确定适宜的印片条件，需要对各镜头进行曝光量和色彩的调整。一部由数百或上千个镜头组成的影片，由于胶片性能的差异、拍摄条件的变化、洗印技术的不稳定因素，各镜头底片的密度和色调不完全理想，为使正片画面的密度完全统一，色彩还原正常，需对每个镜头的印片条件，即通过调光号调整画面的正常密度、正常色彩及处理影片的摄影基调。现代数码摄影技术的发展，基本取代了胶片摄影，但依然存在影片后期调色的过程。前期拍摄的素材经过后期的调色，可以从形式上更好地配合影片内容的表达。

3. 导演角度——语言色、基调色

从导演创作角度，即总体艺术设计、分镜头拍摄，到后期将视听语言合成等，可将电影色彩的构成要素概括为：语言色、基调色。

导演的“语言色”大体与美术师的“光色”“语境色”的概念类同，但也有自身对影片整体色彩和画面色彩的某些独特思考与处理。所谓“语言色”指构成电影语言主要内容的色彩。它是塑造和表现人物外部世界尤其内心世界的重要“演员”，是银幕剧情的主力角色之一。

所谓“基调色”，指为不同类型、风格影片基本调子配置的色彩。它是按导演前期的创意构思和后期视听语言合成时，总体把握的主要内容。为影片基本调子配置的色彩是美术师提供的场景色彩、人物造型色彩等，以及摄影师通过镜头的画面构成色彩具体调配完成。然而根据不同类型、风格的银幕剧作要求，导演在最后的艺术总体把握时，却又可按色相强化控制成为青灰调，或红色调，或灰土黄调等色调；按色性强化控制成为冷调子、暖调子或中间综合调；按色度强化控制成为亮调，或暗调，或中间调等，使基调色彩给人以整体的突出印象，起到点化主题的作用。斯皮尔伯格的《太阳帝国》（*Empire of the Sun*，1987），以日本国旗中的太阳形象为总体创意根据，全片由于阳光、灯光、火光、月光、原子光构成冷暖融合光照（冷暖结合调）在全片形成光的统治地位（亮调），战争给人类，尤其是儿童的心灵造成悲惨的创伤，整体把握成青灰色调。当然每个段场的色调有着不断的冷暖节奏起伏变化：吉姆家庭是暖橙黄调；上海街头逃难段落是冷暗蓝绿调；上海临时集中营是冷蓝紫灰调；苏州集中营强化的阳光的暖色，使画面呈暖灰黄调；运动场是冷蓝紫灰调；结尾“认子”的场景也是冷蓝紫灰调。影片接近尾声时重复的冷调与片头字幕衬底中黄浦江的冷调首尾呼应，形成全片的色彩主旋律，点明了影片的主题。

色彩基调往往与一部电视剧或者电影情节的情感基调相符，它必须是能够渲染烘托剧情情节

《太阳帝国》的各段色调

的环境和情感氛围。色调有很多种，它可以是冷色调、暖色调，也可以是白色调、红色调、蓝色调、黑色调、棕色调等，一般影视制作人不会单一地将一个镜头设置成一个色调，而是将整个场景或者整场电影都设置成一个色调。它讲究的是每个镜头之间的连接，将每个镜头都连成一个整体，这样就形成了一个完整的、富有情感色调的场景。而色调表现的形式有很多种，它可以从服装、背景、环境来体现情节的感情基调，也完全可以从道具、肤色等方面来体现剧情的需求。色调也是一种造型手段，它可以用来刻画人物的性格、心理表现等，也可以用来突出不同的时间、空间和地域，它具有象征的意义。

《香草的天空》（*Vanille Sky*，2001）讲述了一个离奇而错乱的故事，大卫·阿姆斯（汤姆·克鲁斯饰）在一场车祸之后，人生被彻底改变，他陷入了虚幻和现实，过去和未来之间的纠缠之中。整部影片的时空关系纠缠复杂，但是色彩在其中作为线索起着非常重要的暗示作用。影片中的几个时空关系，有现实的、现在的、虚幻的、未来的。其中现实的部分，暗红、褐色和黑色是色彩线索，虚幻的部分以紫色、蓝色为引入点，美好的梦境部分以明亮的橙色和紫色为基调，每一个色彩基调下的场景中，总是有着相应的色彩出现在画面中。如在现实状态的红黑基调下，有行人的衣服、路边的邮筒、背后的汽车等物的红色和黑色作为暗示。虚幻状态下的紫蓝基调，也同样在画面中用连续出现的紫色色块，使影片在观众不易察觉的观影过程中，实际上已经清晰地将几条线索交代清楚。最后观众恍然大悟，才发现其实一切都是有迹可循的。

四、人物色彩与环境空间的关系

在影视作品总体色彩结构中，服装的色彩是最活跃的因素，是具有特殊作用的色块，随着情节的起伏变化贯穿于场景、场面、段落中，在形成影视剧的整体造型结构、形成色彩布局和色彩结构形式方面起着重要作用，它与场景的色调和空间共同构成总的色彩基调和单元场景的色彩关系。

现实空间红黑色调下的红色色块

虚幻空间下的紫蓝色调，用行人或群演的服饰出现紫色作为线索

真实发生的故事场景与幻想中的场景用色处理

《香草的天空》中服装色彩与影片基调的关系

银幕上的人物色彩与环境空间的色彩关系是指：人物服装的色彩在场景空间中与场景色调的关系、在同一场景空间中不同人物服装色彩之间的关系、不同人物服装色彩在情节发展中本身色彩的变更和环境色调之间的关系等。

作为影视空间造型的重要元素，人物服装的色彩与环境空间的关系对于镜头画面的营造、视觉气氛的营造，以及情感内容的表达起着极为重要的作用。人物与环境的色彩关系应该精心进行设计，使这个重要元素能够更好地参与影视空间造型，能够更好地服务于影片主题表达和精神表达。

人物服装色彩与环境的色彩关系有多种处理方法，归纳起来可以分为以下四种。

1. 协调

色与色之间所产生的统一协调关系被称为色彩的协调，色彩的协调是指近似色的组合或明度相似色彩的形式组合。在电影画面的色彩协调，通常以主色调的协调方法来处理色彩，即以画面占主导地位的色彩为基础，其他的色彩处于次要的从属地位。当我们观察到某一物象色彩的时候，在形成其色彩的一切个别因素之中，弃宾就主，舍繁从简，会使画面的整体色彩更加协调。

这样的色彩协调方法运用在人物服装设计上，就是要在服装色彩的运用上，使影视人物服装色彩与影视环境空间色彩产生协调状态，这种协调会使影视画面视觉上和谐、安定，心理感觉平静、优雅、从容、内敛。

2. 对比

对比是指人物服装色彩与环境背景色彩形成对比关系，包括明度对比、纯度对比、补色对比、

《生命之树》中多用协调的色彩关系处理

《白日美人》

《透纳先生》

《看得见风景的房间》

人物色彩与环境色彩的协调关系

冷暖对比。这样的对比关系会使镜头画面强烈、活泼跳跃，或者带有很强的感情特征。

（1）补色对比

在色相环的组成中，相隔 180 度的色彩我们称之为互补色：红与绿互补，黄与紫互补，而蓝色与橙色互补。由于互补色有强烈的分离性，所以使用互补色的色彩关系，可以有效加强整体配色的对比度、拉开距离感，而且能表现出特殊的视觉对比与平衡效果，会使画面产生效果强烈、醒目、有力、活泼、丰富、充满生命力的感受。由于互补色彩之间的对比相当强烈，因此想要适当地运用互补色，必须特别慎重考虑色彩彼此间的比例问题，如果使用不当，会使画面不统一、杂乱、刺激，容易引起视觉疲劳，产生焦躁、混乱的气氛。《巴黎圣母院》（*The Hunchback of Notre Dame*，1982）中的吉卜赛姑娘爱斯米拉达，心地善良，性格开朗泼辣，敢爱敢恨，她的一身红色长裙与环境形成补色对比，表现她与世俗格格不入的叛逆性格，和火热真挚的情感。

（2）明度对比

色彩的深浅明暗的对比黑白是明暗对比的极端实际上就是画面中的素描关系。明暗对比关系可以更加突出人物的形象。

《巴黎圣母院》中爱斯米拉达的红色裙装与环境形成的补色对比

《天国王朝》（*Kingdom of Heaven*，2005）中身穿白衣、戴银色面具的国王鲍德温四世，与环境形成的明暗对比，表现这位耶路撒冷王的王者之气，还有那种夺人魂魄的气势、不屈不挠的刚毅品格及超凡的意志力。

（3）纯度对比

浊色、弱色与纯色的对比产生鲜艳与灰度的对比，如用大面积的灰色与小面积的纯色对比或者大面积的纯色与小面积的灰色的对比产生灰而不闷、艳而不跳的感觉，画面沉稳而不失激情。

《天国王朝》中明度对比关系的运用

3. 凸显

凸显是指利用色彩的明度关系、色相关系及面积比例关系等，使电影人物的服装在环境背景中或者在人群背景中醒目地突出出来，使人物成为画面的视觉中心，成为观众关注的焦点。通过这样的凸显关系，导演意图能够得以清晰地表现，并能够被观众明确捕捉到。

《戴珍珠耳环的少女》中纯度对比的运用

美国影片《辛德勒的名单》（*Schindlers List*，1993）中为了表示不堪回首的历史感和惨痛感。影片绝大部分用了黑白色，在尾声部分，一群被驱赶走向毒气室的队伍中赫然出现了一个穿着红裙子的小女孩，这条红裙子凝聚了全世界观众的眼神，让无数善良的人心碎。导演仅用灰暗中的一抹红色就充分表达出导演对法西斯罪恶的控诉，升华了影片的主题。

《宾虚》中，耶稣的背影，与人群和环境形成强烈的明暗对比，虽然影片中耶稣始终没有露出正面形象，但这样突出的背影，表现了耶稣光明而神圣的形象。

《辛德勒的名单》中令人心碎的一抹红色

4. 隐入

隐入是指人物服装色彩与环境背景色高度一致，使人物融入背景中，使镜头画面形成统一的色彩。这样的隐入型色彩关系，使得镜头画面的色彩气氛浓郁，色彩情感表达强烈。

《宾虚》中耶稣的背影，采取明暗对比手法，用凸显关系来表现

《裁缝》

《十面埋伏》

影片中人物与环境的隐入关系表现

五、服装色彩与人物塑造

色彩是具有感情因素的造型元素。艺术理论家鲁道夫·阿恩海姆曾意味深长地写道："说到表情作用，色彩却又胜过形状一筹，那落日的余晖及地中海碧蓝色彩所传达的表情，恐怕任何确定的形状也望尘莫及的。"

在服装构成元素中，色彩有着举足轻重的作用，它是创造服装整体艺术气氛和审美情趣的重要因素。色彩的搭配，以不同的形式和不同的程度影响人们的情感因素。不同的色彩主题搭配不同的造型及面料也常使人们对其产生复杂的感情，从而吸引人们的注意力，支配人们的心理活动。

1. 人物色彩基调

影视中的色彩基调是一部影片色彩构成的总倾向，也是一种色彩或几种相近的色彩所构成的主导色调。它使全片在色彩视觉上、感觉上、呈现出一种十分鲜明的色彩基调效果。

基于此，影视人物也是要有着与影片基调相符的色彩基调。影视人物的服装色彩基调是剧中出现的所有服装的色调及其相互关系，使观众感觉的总体色彩倾向。服装色彩基调贯穿于影片的始终，它与场景色彩基调相互协同配合，共同表现影片的主题和氛围。

确定人物的色彩基调要基于以下几个关键要素。

首先是要根据影片的总体基调确定人物的基调，这与影片的主题和艺术风格设定相关。影视作品中的服装色彩是为表现影视作品的主题服务的，有什么样的主题，就会有什么样的与之相适应的服装色彩。通常喜剧性的主题多用明快、纯净的色彩。悲剧性主题的多用灰暗、压抑的色彩，当然这也主要取决于导演表现主题的手法。人物服装的色彩基调要紧密配合影片的风格和总基调，要充分融入总基调之中，不能脱离影片的主体风格孤立地进行设计。

《龙纹身的女孩》（*The Girl with the Dragon Tattoo*，2011）是一部人物服装色彩紧扣影片主

体风格的典型作品，这是大卫·芬奇执导的一部惊悚悬疑电影，讲述一位边缘化的、有着极强个性的女子和一位男记者合作破案的故事，剧中包含暴力、犯罪、同性恋、性侵犯、宗教、纳粹这些话题性元素。惊悚、悬疑的剧情，以及女主角莉丝贝丝·沙兰德（鲁妮·玛拉饰）这样一个有着吸毒史、精神病史、情绪极不稳定、有暴力伤人前科的少女，令影片自始至终都弥漫着冷酷、紧张的氛围，也由内而外散发着冷静的气质。在这样一个主体基调下，本片的人物服装设色展现了极端的风格化：全片两位主角以及所有配角甚至群众演员的服装，几乎全部用黑色，只有一小部分用了灰色，除回忆场景外，全片人物全部使用无彩色系，没有出现一块鲜艳的颜色。这种设计紧紧扣住影片的风格主题，深刻表达和融入了影片的基调。

《龙纹身的女孩》中主角、配角、群演几乎全穿着黑色服装，表达冷酷、沉着的基调

再如《天鹅绒金矿》（*Velvet Goldmine*，1998），影片以一个记者的视角进行推动和发展。20 世纪 80 年代，伦敦先驱报的记者史安迪（克里斯蒂安·贝尔饰）受命调查自己的青春偶像 Glamor Rock（魅力摇滚）的天王巨星布莱德·斯莱德（乔纳森·莱斯·梅耶斯饰），斯莱德在一次枪击事件后的销声匿迹， 在调查中史安迪仿佛又回到自己紫色的青春岁月，并发现了一个发生在流逝的风云人物之间的曲折故事。影片恣情地表现了摇滚史上最华丽的 70 年代，性感、妖艳、前卫、激进等各种大胆元素融合成的独特的摇滚流派在片中得到尽情展现，影片带着暧昧、颓唐、华丽、轻浮的色调，大量使用魅惑迷醉的颜色，浓重的妆容、闪烁的亮片、浮华的羽毛，这些元素打造了影片华丽、颓废、堕落、迷情、摇曳生姿却又不失真情的主调。

其次是根据人物的身份和性格确定人物色彩基调。人物服饰的色彩，必须符合其民族、身份、职业、年龄、性格、爱好。因此，影视服装色彩的选择具有某种特征、意境和象征意义，需要对色彩进行恰当的组合，从而表现出人物的形象、品德、气质和精神面貌。

《天鹅绒金矿》中服装华丽、迷乱、浮夸的色彩基调

《神奇动物在哪里》（*Fantastic Beasts and Where to Find Them*，2016），片中两位女性角色蒂娜（凯瑟琳·沃特森饰）和妹妹奎妮（艾莉森·苏朵儿饰），她们有着很不同的鲜明的个性。姐姐蒂娜是一名美国本土魔法师，曾是美国魔法国会的一名傲罗，后因未经许可使用魔法而被降级。因为美国魔法界和麻鸡紧张的局势关系，蒂娜也总是一副惴惴不安的样子，性格比较男孩子气。妹妹奎妮也是魔法国会的一员，是个摄念师，能读取别人的思想。她性格古灵精怪，自由散漫，敢于打破陈规。她个性浪漫温柔，娇俏可爱。从人物的个性出发，两个人的服装色彩设定完全不同，姐姐蒂娜以蓝灰色调为主，配合男性化的款式，表现她积极坚定的性格；妹妹奎妮以粉橙色、杏色、浅金色为主，配合丝绸蕾丝等轻柔面料，表现她温婉娇俏的女性味道。

再次是要根据剧情的发展，以及影片基调的变化，确定人物的基调是否要随之变化。主要角色的色彩基调设定，有时是贯穿全剧，有时是根据情节的发展、人物性格的变化来进行纵向的变化。这些变化一定是有线索的，观众能够受到潜在信息联系影响的。影片《杀生》前半段，牛结

蒂娜色彩基调设定

奎妮色彩基调设定

实的短上衣配红裤子表现喜剧感，塑造他顽劣不堪的性格，到影片悲剧结局时，一件色彩和质感都十分沉重的黑蓝色长袍服形成了强烈的对比，一喜一悲，从鲜艳跳跃红色到沉重忧郁的暗蓝色，人物色彩设置的变化表现了人物的悲剧转折。

影视作品的服装色彩基调虽然是通过某一色彩倾向表现出来的，但不是千篇一律地限定在一种色彩范围内，而是依附于情节的发展、起伏变换着色彩特征与组合方式，形成一种既变化又统一的色彩基调。

2. 人物性格塑造

在影视人物形象塑造中，对人物性格的塑造是重中之重。影视服装设计师要善于利于色彩这个情感化的、直观的造型元素，在一定的色彩基调上，对人物的性格做概括性的、典型性的设色处理，以便更加突出人物的性格。从色彩心理学角度讲，生活中的人们在穿衣习惯中，对色彩的

《杀生》中牛结实喜剧阶段和悲剧阶段的色彩造型对比

选择是与个人的性格有着非常大的关系，这与色彩本身所具有的情感化倾向及社会象征性相关。因此在影视人物服装设计中，可以充分利用色彩的象征性与色彩心理的功能，用性格色彩来诠释和演绎人物，以加强对人物的艺术形象塑造。

《红磨坊》女主角莎婷（妮可·基德曼饰）是一位红牌歌妓，是红磨坊的当家花旦，被誉为“璀璨钻石”，受到很多人的青睐。然而她并不满足于卖唱的生活，想要借助公爵的力量，成为一名真正的巨星。然而当遇到了一位贫穷的年轻钢琴诗人，她被这位有着天使歌喉的、有才华的英俊青年打动，不顾一切地爱上了他。片中舞台表演时的莎婷以金银闪亮色为主，表现她舞台上“钻石”般闪亮的魅力。舞台下以浓烈的红黑色为主基调，表现她的性感魅惑，以及她情感炙热和大胆追求爱情的勇敢的个性。

《红磨坊》中莎婷的闪亮色与红黑色彩设定

3. 人物情绪刻画

由于色彩是具有情感化的造型元素，在影视人物服装造型是，用色彩元素能够更好地展现人物的情感，色彩的运用可以揭示在不同时刻人物的内心情感，体现人物内在的情感发展或转变。

如电影《伊丽莎白一世》（*Elizabeth 1*，2005）中，个子瘦小的女王穿着深沉的金色、绿色、灰色等冷调、厚重的服装，以幽默的语言、敏捷的反应，表现作为王的威严、庄重、高贵，冷静，她从容、机智地周旋于身材高大的男人中间。已是中年的女王在年轻时曾爱上一位普通男子却不能下嫁，后一直不愿结婚；而如今内忧外患迫使她接受群臣的建议，同意政治婚姻。当见到英俊潇洒的法国贵族时，女王立即陷入恋爱，穿上温暖的橙色裙装，在他面前像个小姑娘般轻盈地跳舞，一小绺卷发垂落在快乐的脸旁，笑容温柔迷人。可她的国民反对与法国联姻，女王不得不伤心，无奈地送走恋人，服装又恢复了往日的色彩。

4. 人物命运暗示

影视作品中，表现人物命运的变化经常是作品的重要内容，人物的命运转折可以通过服装的色彩进行表现。色彩的象征性可以帮助观众感性、直觉地理解人物，虽然有时观众并不能清晰地注意到这些元素是如何使用的，但色彩的感染力是可以直接将情绪色彩传达给观众，观众也因此能够被色彩情感所感染，能够与命运转变中的人物建立起情感的共通。

女王恋爱之前以冷色调为主，庄重高贵

女王陷入爱情时，穿上了温暖的橙色调服装，配饰也变成柔软浪漫的女性风格

当这份爱情遭到王室反对而被迫放弃后，女王又恢复了冷色调的硬朗高贵风格

《伊丽莎白一世》服饰色彩刻画人物情绪的转变

影片《角斗士》（*Gladiator*，1999）运用人物服装的色彩，鲜明地刻画了人物的性格和命运。主角马克西·蒙斯（罗素·克劳饰）是罗马帝国战功显赫、受人拥戴的大将军，老国王对他赏识有加，有意传王位于他，由此招致了太子康莫迪乌斯（杰昆·菲尼克斯饰）的妒忌与不安，太子伺机杀害父亲，抢先登上王位，并马上下令诛杀蒙斯大将军一家。一个战场上的常胜将军，却在权力斗争下沦为奴隶。为了生存，他的战场转到竞技场上，而这个新战场却成了罗马帝国灭亡的导火线。影片为人们讲述了一个有关勇气与复仇的故事。

蒙斯身为司令官时，身穿尊贵荣耀的红色战袍搭配黑色和银色铠甲，威武正义；沦为奴隶时，被迫参加角斗，身穿土褐色麻布破衣，表现无助的、任人宰割的处境；在以勇气和力量赢得几次角斗后，他穿上了蓝色麻布衣服外加简陋的黑色皮铠甲，蓝与黑色显示了刚毅和坚强；在与王子最后决斗时，黑色的铠甲面积加大，多层次的护肩勾勒出坚定的线条，以黑色为主色搭配小面积蓝色的战服，表现了无畏和决心，与王子白色的铠甲形成鲜明的对比：黑色的坚实沉着与白色的轻俏自恋，此时已经用色彩将双方决斗的力量之比呈现出来了。

5. 人物关系传达

服装色彩可以用做表达人物关系的潜在信号，在影视创作中表现人物之间的关系，如协调的色彩表现和谐的关系，冲突的色彩表现对立或者冲突的关系，以此来烘托剧情和辅助人物的塑造。

1. 威武荣耀的红色

2. 无助的、任人宰割的土褐色

3. 刚毅、坚强的蓝加黑色

4. 无畏、沉着的黑加蓝色

5. 黑与白的最终较量

《角斗士》用色彩刻画人物的性格，反映命运

《飞行家》(*The Aviator*, 2004)中，霍华德·休斯(莱昂纳多·迪卡普里奥饰)与女友凯瑟琳·赫本（凯特·布兰切特饰）相恋，两人关系和谐时服装色彩协调，用色彩相互呼应和使用同类色的处理方法，表现两个人情投意合。而休斯与个性强硬的女友艾娃·加德纳（凯特·贝金赛尔饰）发生争执时，采用互补色的色彩处理，表现两个人的冲突。当艾娃帮助处于心理禁锢的休斯时，二人的服装色彩是一致的，艾娃的鲜红色和休斯的暗红色，表现了艾娃的积极与主动、休斯的被动和配合，表现了两人同心战胜心理疾患。当休斯在艾娃的帮助下，走出心理禁锢，最后再见面时，两个人的服装色彩有了呼应。

《劫后英雄传》(*Ivanhoe*, 1952)，两个女性角色路文娜(琼·芳登饰)和丽贝嘉(伊丽莎白·泰勒饰）都爱着萨克逊英雄艾凡豪（罗伯特·泰勒饰），但两人关系和谐，互相喜爱，并没有任何冲突，在服装色彩设定上，两个人采用对比色相：黄色和紫色，性格坚强勇敢的丽贝嘉用黄橙色，性格温婉柔和的路文娜用紫蓝色，但都采用高明度、低彩度的颜色，降低对比色的对比度，表现虽是“情敌”但并不敌对的关系。

霍华德·休斯与凯瑟琳·赫本协调呼应的色彩设定

休斯与艾娃冲突时两人的对比色设置

艾娃帮助休斯时两人同色相色彩设置

《飞行家》服装色彩用做表达人物关系的潜在信号

《飞行家》中最后再见时两人呼应色设置。霍华德·休斯与艾娃·加德纳冲突与不和谐的色彩设定，最后有了色彩呼应，表现了关系的转变

《劫后英雄传》中路文娜和丽贝嘉的对比色设定

人物之间色彩的关系是在表达剧情、突出主角的原则下建立起来的。配角的服饰色彩设计，既要服从主要人物刻画及情节铺陈，又要考虑众多人物之间服饰色彩的和谐、对比关系。次要人物的色彩一般采用纯度较低的浅灰色系、中灰，以及暗淡的色彩，从而突出主体，衬托主体。

经过千百年纺织技术的发展，服装面料形成了品类繁多的庞大体系，服装面料由于纤维材料的不同、组织结构及色彩不同，形成了不同的质感，呈现出不同的外观风格。作为构成服装的三大要素之一的材料，面料不仅诠释了服装的风格与特征，而且直接左右着服装的色彩和造型的表现效果。在影视服装造型设计中要准确地塑造和表达人物，恰当地运用材质就显得极为重要。

第三节 材质

在电影人物造型中，服装材质是造型的重要手段，观众可以通过人物服装材料的设定来感受关于角色的诸多信息。因此通过对服装材料的“质”的解读，把握其所表达的“感”，这样设计师可以深入角色，更为准确地表达人物的质感，塑造人物的外在及内在，使造型设计做到形神兼备。

一、材质的视觉抽象要素与视觉心理感受

不同的材料有着不同的质地，质地是材料内在本质特征，主要由材料自身的组成、结构等物理、化学特性来体现，主要表现为材料的软硬、轻重、冷暖、干湿、粗细等，是材料本身的自然属性。这些不同的质地会给人以不同的触觉及视觉感受，这是材质被视觉感受和触觉感受后经大

脑综合处理产生的一种对材料的感受和印象，其内容包括材料的形体、色彩、质地、肌理等几个方面。质感包括形态、色彩、质地和肌理等几个方面的特征。人们经过在生活中积累的对于材质的触觉、听觉和视觉感知，会对各种材料产生一定的心理经验，这些心理经验就形成了感知材料的抽象要素，即触觉要素、视觉要素和内在心理要素。

1. 材料的抽象触觉要素

触觉要素是材料的外在要素，是指人们通过手和皮肤触及材料而感知材料的表面特性，是人们感知和体验材料的主要感受。通过触觉，人们能够感知丰富的体验，它给人们的刺激是直接而生动的，是会深刻留在大脑意识中而进入到心理层面。比如说，质地粗糙的材料给人以朴实、自然、亲切、温暖的感觉；质地细腻的材料给人以高贵、冷酷、华丽、活泼的感觉。这些软与硬、轻与重、粗糙与细腻的触觉感受，与我们的心理情感紧密联系起来。比如，在触觉经验下，一块麻质面料会使人觉得比一块黄颜色面料要温暖得多。

2. 材料的抽象视觉要素

是指材料的色彩、形态、肌理、透明度、材料的大小、表面的肌理效果等视觉特征通过人的视觉神经传递到人的大脑，使之作感情与心理的反馈。不同的材料会产生不同的视觉效果和心理感受，仅仅通过眼睛观看就能使人产生不同心理感受。如看到金属，人感觉冰冷、坚硬；玻璃使人觉得透明、易碎；木材让人感到温暖、舒适；塑料让人感到柔韧、时髦。表面光洁而细腻的肌理让人觉得华丽、薄脆；表面平滑而无光的肌理给人以含蓄、安宁的感觉；表面粗糙而有光的肌理，让人感觉既沉重又生动；表面粗糙而无光的肌理，给人感觉朴实、厚重；光滑细腻的表面使物体显得轻盈；粗糙的外表使物体看起来沉重。

3. 材料的内在心理要素

它是一种心理反应的联想感受，由于材料内部充满了一种紧张力，这种蕴含着的内在之力，形成了一种重要的心理要素。所有的材料都是美丽的，然而这种美的取得，完全取决于设计师如何调度驾驭材料的内在心理要素。此时，材料的意义已经超出了视觉领域而进入了心理感受领域。人们通过对材料的形态、色彩和肌理等本身质地的视觉及触觉体验，集结了“软硬、轻重、厚薄、糙滑”等经验，对物体材质的“轻与重、光滑与粗糙、柔软与坚硬、透明与不透明”形成感受，得出判断，从而产生“冰冷、温暖、冷漠、热情、高傲、亲和”等心理感受。

即不同的“质”会带给我们不同的“感”。

（1）软与硬：面料的软硬感即面料的硬挺感及柔软感，硬挺的面料大多挺括而有身骨，通常来说，传统的丝织物和棉织物有柔软感。

挺括的面料具有硬朗、明快、干练、正直、无私、冷静、挺拔、冷漠、死板、僵硬、顽固不化、帅气、严肃等视觉感受。

柔软的面料具有优雅、柔和、温暖、和平、安详、安全、随和、细腻、浪漫、妩媚、含蓄、自然、安逸、舒适、田园、无力、无助、消极、脆弱、惨淡、苍白无力、幼稚、矫揉造作等视觉感受。

（2）粗糙与平滑：面料的粗滑感是指面料表面触感有粗糙或光滑的区别，粗细不均的纱线和组织结构的变化可使布面呈现凹凸不平状，富有立体感。一般由棉、麻、毛织物的粗纱线织出的织物会有粗织物的手感。而由棉、麻、毛织物的细梳纱线织出的织物和丝织物有光滑、平整、细腻的手感。

粗织物具有粗犷、朴素、原始、自然、健康、冒失、粗鲁、光明磊落、友好、平凡、亲切、平民化、蠢拙等思想暗示。

光滑或者滑爽型的织物，纤维光滑、纱线均匀、结构紧密、布面平整、光滑细腻，因此这种织物外观略显平淡。常有礼貌、文明、拘谨、细腻、含蓄、谦逊、柔和、平稳、缄默等暗示。

（3）轻与重：面料的轻重是面料轻薄与厚重的区别，一般薄型的面料多有轻的感觉，而厚实的面料会有较重的感觉。

轻型面料给人的感受多为轻快、轻松、愉快、凉爽、青春、舒畅、轻浮、无知等。

沉甸厚重的面料给人的感受多为温暖、安定、庄重、可靠、深远、沉默、凝重、智慧、压抑、沉重等。

（4）透明与不透明：面料有不透明、部分透明、半透明或全部透明之分，一般趋向于透明方向的织物其分量越轻薄、密度越稀松，如纺、纱、罗等类的织物。反之，结构越紧密、质地越厚实沉重的织物其透明度自然也就越低，直至达到绝对不透明的程度。

透明面料具有纯洁、天真、大胆、幻想、开放、幼稚、轻浮、妩媚、诱人、挑逗、梦幻等视觉心理感受；

半透明面料具有隐晦、幽静、飘逸、含蓄、甜美、柔弱、缥缈、模糊不清、犹豫、徘徊、暧昧、性格、幻想、憧憬、遥远、若即若离、虚假、浪漫、雅致等视觉心理。

不透明面料则具有神秘、深不可测、充实、坚强、朴素、静谧、消沉、痛苦、庄重、压抑、傲慢、隔阂等心理感受。

（5）高光泽与无光泽：面料的光泽感是面料在视觉具有光泽度强弱的感觉。在丝织物中，锻、锦类织物光泽明亮；结构紧密、布面平整，经过烧毛、丝光等处理后的棉织物光泽感也较好，有较为柔和的光感；在合成纤维中一些仿丝织物等也有较好的光泽度。还有一些金属材料和涂层材料都有很明亮的光泽感。

光泽较强的织物或者材料，给人以华丽、富贵、金碧辉煌、富有、奢侈、荣耀、绚丽、嫉妒、孤傲、冷艳、目中无人、浮华、自信、自大、专横、独断、我行我素的感受。

光泽较弱的织物，使人产生柔和、平易近人、朴素、谦虚、典雅、庄重、平淡、含蓄、深邃、内敛、消极、卑劣、惨淡、多疑等心理。

（6）硬光与柔光：面料对光泽的反射较硬，如光面皮革、合成纤维涂层材料，以及含金、银丝成分较多的织物，硬光材料给人以冰冷感，使人产生冷酷、华丽、前卫、不可亲近等感受。

柔光面料给人以柔和、缠绵、温文尔雅、礼貌、梦幻、温柔、温暖等感受。

在实际工作中，服装设计师还要掌握不同质地、质量、肌理的面料在不同灯光作用下所产生的不同效果。在面料的表面由于多种因素的影响，会呈现出不同的光效反应，主要可分为有光、无光、闪光、透明四种。这些不同的特点大大丰富了面料的质感效果。质地比较平滑、肌理比较细腻的材料吸收光的能力较弱，而观感较强，容易造成明亮、华丽的感觉，如真丝绸和仿绸缎的光面，以及一些制造比较精细并采用特殊工艺处理过的化纤、合成面料等。质地比较粗糙的面料相对来说吸光能力更强一些，比较少产生光反射。电影服装设计师对面料在灯光下呈现的效果的掌握，是一个必修功课。合理使用面料，在使用之前充分了解和掌握在灯光作用后的效果是很有必要的。

在电影这样的视觉艺术中，人物造型设计在服装材料的运用上，就必须善于利用这样的材料内在心理要素，将材料的抽象要素作为设计语言，充分发挥它所具有的传达体验的特征。

二、服装面料的风格特质与设计运用

服装面料的质感所带给人们的情感体验是非常细腻的，它常常是超越人们自身的认知，有时是暗藏在人的心底，当某种材质出现时，会唤起某种情感或某种感受。电影人物造型还有一个重要的任务就是要通过银幕上人物形象的视觉传达，使观众产生对人物的理解与认知，产生情感共鸣。在这样一个传达过程中，服装的材料质感承担着重要的任务。

服装面料的“质”不同，其给人的“感”也不同，各种面料都有自己的“性格表情”。随着纺织技术的发展，从古至今服装面料的种类是如此之多，这样看起来面料在人物造型设计中的运用是相当复杂的，但人类的社会生活和情感生活是有很多共通之处的，对材质的感受当然也是有很多共识的，找到这些共通的知觉并加以运用，会更好地帮助人物造型师进行人物的设计与表达。根据服装面料外观所呈现的质感风格，可以分为如下几类：高贵华丽型、温暖质朴型、冷酷疏离型、神秘浪漫型及平和理智型。

1. 高贵华丽型

这类面料通常有着美丽的光泽，织物表面光滑亮泽，光泽虽明亮但不刺激。如丝绸类中的缎、锦、绸、丝绒等，尤其是中厚型绸缎，华丽的光泽、流畅的悬垂感，多配以刺绣和缀珠装饰，有时会加以金线刺绣或珠宝镶嵌和羽毛装饰，尽显奢华与高贵，是富与贵的象征。如影片《伊丽莎白 2：黄金时代》，表现宫廷生活，运用了大量的真丝绸缎面料。尤其是女王的造型设计，面料及装饰极为华丽，很好地女王的地位与权势，其华贵面料的使用使整部影片盛大恢宏的风格得以充分体现。

裘皮也是表现高贵华丽常用的材料，多用貂、狐狸、水獭、羊等上等毛皮，由动物的自然花纹及色泽形成华美的外观，表现人物的高贵、大气、华丽、桀骜不驯或者盛气凌人的强大气势。在西方和中国的宫廷戏中使用较多，多为表现达官显贵、上流人物的奢华。现代戏中也多有使用，如影片《穿普拉达的女王》中杂志社主编米兰达是一个追求完美、心细如针、敏锐善变但又有些尖酸刻薄的工作狂，她的工作性质是时尚杂志的主编，因社会背景和工作的原因，她的衣着多为

《伊丽莎白 2：黄金时代》中的伊丽莎白女王的高贵华丽型面料

国际知名品牌的套装，材质多为丝绒、丝绸、羊绒、裘皮等材质，符合其身份和工作性质。下图中米兰达两款裘皮大衣造型，一款红黑相间，造型大气，染过色的狐狸皮，风格华贵并且有着很强的时尚感。另一款皮毛一体羊剪绒大衣，沉稳干练，衬托出她在职场中霸气、不可撼动的时尚魔头的气质。

《摩洛哥王妃》中裘皮与织锦打造的华贵感

《穿普拉达的女王》中米兰达的两款裘皮大衣造型

2. 温暖质朴型

这类面料通常是低反光，手感柔和，不过分光洁平挺，带有自然的褶皱，如各个类型的纯棉织物、麻类，以及用毛线编结的毛针织物等。这些面料外观有些粗糙，保形的能力差，做成的造型线条较为柔和或松散，多用做表现人物质朴或随性的本质，当然也多用于平民百姓或艺术家阶层。棉织物作为大众性的面料，具有自然随意、温暖质朴、轻松快乐、平易近人的风格。麻织物的手感粗糙，表面有明显的颗粒；麻不仅能给人自然的归属感，还能体现粗犷中的一丝细腻和返璞归真的时尚感。采用低反光，低色彩饱和度，粗糙柔软的棉麻质料，会使人物充满温情，表现质朴、温暖、怀旧的风格。

质朴温暖的棉麻面料

3. 轻柔浪漫型

轻薄的、透明或半透明型面料质地柔软而通透，具有优雅而神秘而浪漫的艺术效果。如薄型丝绸中有如烟似雾的罗类、薄如蝉翼的纱类、柔软飘逸的绢类、灵动细洁的纺类、轻薄雅致的蕾丝等，其中较为常见的有双绉、乔其纱、雪纺、玻璃纱、水晶纱、绢纺等。此面料有着轻盈透明、柔软透气、灵动飘逸的外观特点，常用来表现女人温柔、浪漫或是潇洒洋溢的性格，如温婉的清秀的女子、活泼灵动的少女、潇洒帅气的侠士、缥缈魅惑的鬼妖等。

轻柔薄透材料的运用

4. 冷酷疏离型

多为高反光、硬挺光滑的材料，这类型材料让人无法产生亲近感，冷硬的质感带给人心理上的疏离感。如高亮金属材质、高亮皮革、高反光涂层材料，以及合成型未来感材质。典型材料如漆皮，是经过表面涂层后的产物，如漆面一般光滑细腻，属于一种高反光面料，由于是天然皮或人造皮淋漆所制成，涂层加强了整体皮质的硬度和垂坠度，成品布料呈现出平整、光滑、利落的形态，不起褶皱。因此无论是自然皮革还是经过加工处理过的漆皮，都有一种难以接近的距离感，且因其质地坚硬，穿着者会给人以一丝不苟，干净利落的冷酷感。影片《黑客帝国》（*The Matrix*，1999）中三位主角的高亮材质的运用，尤其是到女主角崔妮蒂是一名逃离了矩阵的电脑程序员和黑客，因为身份的原因，总是穿着一身干练的黑色紧身漆皮衣裤。黑色的漆皮给人难以接近的距离感，同样也符合自己黑客的身份，并且方便打斗。

《黑客帝国》中的高亮材质运用

《席德与南茜》（*Sid & Nancy*，1986）朋克对当今社会的叛离也较常用冷酷疏离感的材料如亮光皮革和金属来表达。《剪刀手爱德华》（*Edward Scissorhands*，1990）主人公爱德华造型是典型的哥特气质：苍白的脸，紫黑色的嘴唇，凌乱的头发和脸上纵横的疤痕，清澈无邪的眼神和一身用老旧金属连接和装饰的黑色皮衣，表现了爱德华的纯真和孤单，与这个世界格格不入的悲凉。

《席德与南茜》中朋克风格高亮材料造型

《剪刀手爱德华》中哥特风格的高亮材料造型

未来感的造型也多见此类型的材质运用，如《星球大战》（*Star Wars*，1977）中的黑武士，暗黑高亮的材质强调了他强大、难以战胜的称霸气质，同时也塑造浓郁的孤独和疏离的感觉。

《星球大战》中黑武士的高亮造型

5. 平和理性型

这类型面料没有强烈的质感，也不过分平滑光亮，没有强烈的性格感，比较中规中矩。比如涤棉混纺、毛涤混纺、较为温和平整的纯毛织物等。多用来塑造中产阶层、知识分子阶层，性格较为平和理性、较为遵守社会规则的人群。如电影《聚焦》（*Spotlight*，2015），故事讲述《波士顿环球报》“聚焦”报道组的编辑和记者，披露美国天主教试图掩盖神父性侵儿童的丑闻。影片对记者们的塑造，采用了写实而内敛的造型手法，服装材料多采用的是平和理性型面料，没有强烈的质感，温和的材料设定，表现了知识分子，文化阶层的温和平静且理智。

《聚焦》中编辑们穿平和理性型面料的服装

服装材料虽然种类众多庞杂，但从其外观质地所表现的风格，可以将其归为几大精神气质类型。这样对材料进行认知，可以使我们在进行人物造型设计时，更好地运用服装材料这个造型语言，使人物的造型更能够表现人物的内在精神气质。

三、以材料塑造人物

不同的材料呈现出不同的质地，不同质地又给人们带来不同的感受，材料的质感是一种非常丰富的语言，可以准确地塑造人物。

影片《色・戒》女主角王佳芝（汤唯饰）共换了27套旗袍，在变动并不大的款式中，设计师通过质料的反差，点明女主角在面对不同环境中的改变。学生落难时期王佳芝的棉布旗袍显出朴实的沧桑感和不谙世事的单纯感，经过数个月"淑女培训"，王佳芝要开始色诱目标易先生，旗袍的质地就不再是朴素的了，而是各种质地的绸缎，如丝绒、薄纱、提花锦、蕾丝，素雅的花纹透出女性的雅致、精巧、性感、妩媚，表现出高品位。以此打动易先生。在同一部影片中旗袍质料的大反差，勾勒了角色地位和身份的重大改变，同时起到隐藏身份的戏剧情节作用。

《色・戒》中王佳芝的旗袍，以不同的面料运用表现人物身份的转变

材料可以塑造影片中人物之间的关系，如影片《一代宗师》中，宫二（章子怡饰）的黑貂皮大青果领呢子大衣，搭配黑丝绒旗袍，高贵端庄，孤傲沉稳，内心坚定。叶问（梁朝伟饰）总是一身黑色低反光材料的长衫，与宫二的材质色彩都完全吻合，表现两个人精神上的相通。叶问与宫二比武那场戏，两个人都身着轻柔的面料服装，场面上与其说是在比武，不如说是在倾诉，在交流，表现了情感上的亲近而非敌对性，这种无声的情绪表达，服装材料在其中充当了重要的角色。叶问妻子张永成（宋慧乔饰）旗袍面料多为半透明的细纱面料，装饰精致，古典、温婉、大方，在端庄中透露出一抹撩人的诱惑力，既仪态万方，又体现了叶太太的纯净气质，与宫二沉稳坚毅的个性形成很强的反差。面料在这个影片中非常情绪地勾勒了三个人的个性和关系。

《一代宗师》中用面料的材质语言表现人物关系

四、服装材料的再造技法

影视服装的创作过程中，经常会遇到市售的成品面料无法满足设计要求的情况，这时就要对服装面料进行加工，使之能够达到设计的视觉效果。这就是材料再造。

材料再造就是将现有的市售成品面料进行改造，通过解构重组，重塑出材料新的肌理效果和视觉效果，使服装材料形成新的外观风格。

材料再造的方法有很多，归纳起来有四个大的类型：加法、减法、变形法和综合法。

1. 加法

用各种手法，将相同或不同的多种材料重合、叠加、组合而形成立体的、层次的，富有创意的新材料的类型。

（1）珠片绣；（2）彩绣；（3）布贴；（4）扎染；（5）线饰；（6）绳饰；（7）带饰；

（8）叠加；（9）堆饰 。

服装材料再造——加法

2. 减法

将原有材料经过抽丝、剪除、镂空、撕裂、磨损、烧、腐蚀等手法除掉部分材料或破坏局部，使其改变原来的肌理效果，而达到新的视觉效果。

（1）破损；（2）抽纱；（3）镂空。

服装材料再造——减法

3. 变形法

将原来的面料经过抽褶、裥饰缝、正反面叠捏褶的处理，用拧、挤、堆积、捻合等手法，使面料具有立体感、浮雕感的变形处理。

（1）抽褶；（2）缩缝；（3）折缝；（4）扎结。

服装材料再造——变形法

4. 综合法

同时采用以上几种方法设计出的新的富有变化的新视觉、触觉的材料。

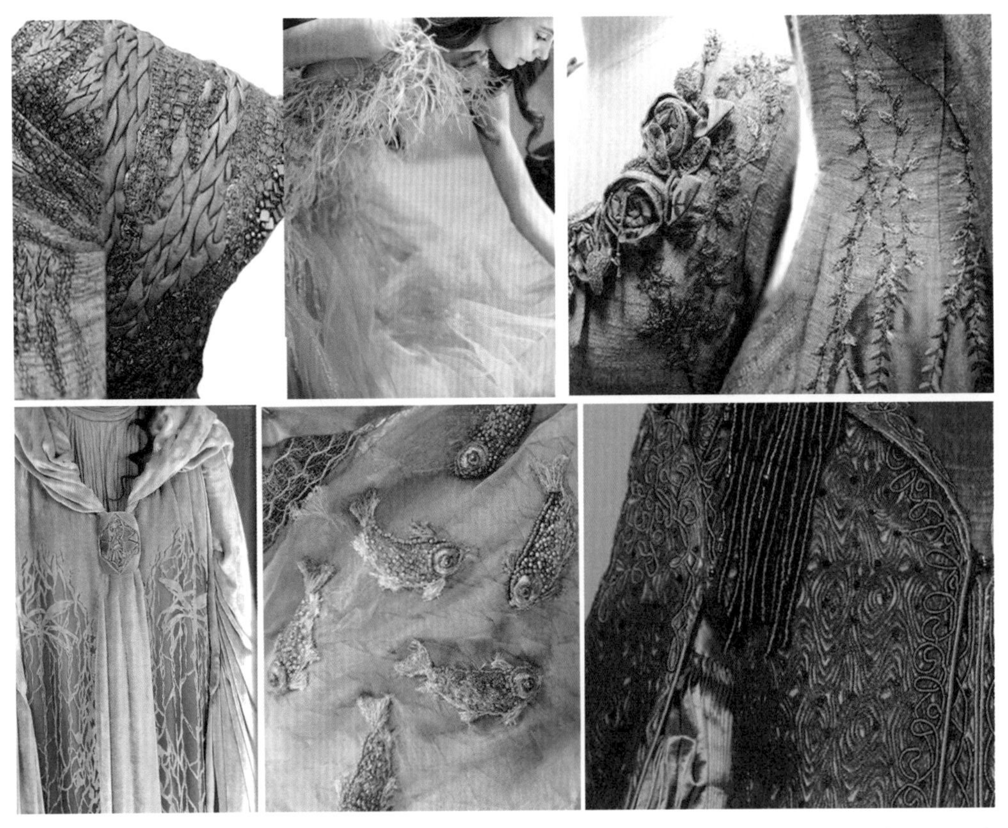

服装材料再造——综合法

第四节 穿搭方式

穿搭方式指的是穿着服装时，服装之间的搭配方法、穿着方法，以及服装和配饰的搭配方法。

服装的穿着搭配方式反映人物的身份和品味，细节更能显出人物的性格特点、审美趣味以及对气质风格的偏好。即使款式相同的服装，如果采用不同的穿着方式和搭配方式，也会显示出不同的气质和精神。

在穿搭方式上，有以下几个特点：1. 人物的身份和经济实力越高，对着装的搭配要求就越严格；2. 穿着方法与人的性格非常有关系，同样的服装，严谨的人和随意的人会采用不同的方法；3. 随意性的差距，也能体现出人物的性格；4. 同样的服装与不同的饰物搭配会产生不同的气质风格。

生活化的服装，只要精心搭配，可以精准地塑造人物，可以更细腻地刻画人物。

因此，在一些现实题材的或者生活化的影视作品中，认真设计穿着方式，看似平淡无奇的市售成衣经过准确的搭配，就能够非常准确而深刻地塑造人物。而且这样的刻画方法，更能体现人物生活化和人物真实性。

如生活中司空见惯的衬衫，在款式不变的情况下，不同的穿着方法和不同的搭配方法会显示出不同的人物个性。如《阿甘正传》里的阿甘，他把衬衫所有纽扣扣严，一直扣到领口，显得板正和有些拘谨。《午夜巴塞罗那》（*Vicky Cristina Barcelona*，2008）中艺术家胡安（哈维尔·巴登饰）穿的衬衫，将领口解开两粒扣子，显得闲适而洒脱，表现了艺术家的气质。《搏击俱乐部》中，杰克（爱德华·诺顿饰）身为一名小职员，衬衫领口松懈皱巴，领带没有推到紧贴领口，把一副不得志的样子表现得很细腻。《发条橙》（*A Clockwork Orange*，1971）中的阿利斯（马尔科姆·麦克道尔），是一个生活在未来某个时代的英国青年，聪明、优雅、活力四射，但充满着的暴力心理，在影片前半部分他和他的同伴们做的一系列暴力事件中，穿着与他暴力性格截然相反的风格的服装，白色衬衫和白裤搭配击剑护具，优雅又未来感十足，表现人物天真本性与邪恶本性之间的矛盾。他的白衬衫与白色裤子加背带的搭配，再配合他一只眼睛的下眼睑贴着长长的假睫毛的妆容，使观众首先体会到影片的黑色幽默的基调，之后一系列暴力行为和白色服装带来的不协调、诡异感，非常好地表现了人物性格和影片的风格基调。

注重搭配的细节，可以生动地表现人物。《秋菊打官司》中，秋菊身穿红格子棉袄罩衫，相对于她怀孕臃肿的身材来说，这罩衫太紧窄，露出里面粉红小花棉袄，使红色的棉袄显得格外别扭，配上大绿的头巾，整个人很不和谐但相当真实，刻画出人物本身固执，爽直、认死理的个性。在秋菊进市里上告的时候，为了不再被骗，听着看自行车大姐的话去买了件衣服，然而这件条纹西装并没有让她看起来像个城里人，而是更加不和谐，这种不和谐反而使她看起来更与城里人格格不入。

利用穿搭方式塑造人物

《秋菊打官司》中秋菊的服装搭配注重细节，造型真实生动

如电影《肖申克的救赎》（*The Shawshank Redemption*，1994）就是一部用穿搭方式对人物进行精微刻画的精彩之作。这是一部监狱题材的影片，片中绝大部分故事是发生在监狱中的，在这样的情况下，人物服装只有犯人的囚犯装，那么如何在这样有限的范围内用服装塑造人物呢？男主角安迪（蒂姆·罗宾斯饰）是一位小有成就的银行家，蒙冤入狱，终身监禁的判决无疑注定了安迪接下来面临着灰暗绝望的人生，但对生命和自由的渴望使安迪鼓起信心，最终实现了自我救赎。下面仔细分析一下服装师如何在这么局限的条件下，用服装塑造安迪的自我救赎的心灵之路。第一阶段，在安迪刚入狱时，他无法接受这样蒙冤的事实，内心对监狱是很抗拒的，而且身为银行家一向对穿着很讲究，这才符合他的身份，所以刚一进监狱时，安迪的囚犯衬衫穿得很严谨，领口的扣子也一丝不苟地扣着，帽子也比别的犯人带得端正，表现此时的他内心是封闭的，还没有丢弃他银行家的生活习惯。他与其他的犯人在形貌上有很大的反差，让人不禁担心他在狱中的生活，观众甚至会认为他无法适应监狱这个环境。第二阶段，他开始尝试接近囚犯中颇有声望的瑞德（摩根·弗里曼饰），并且发现瑞德是个可以谈心的对象，他的精神开始放松，衬衫领口的第一粒扣子打开了，可以看出他已经在心理建立了对瑞德的信任。第三阶段，他为了自己的尊严，反击狱中的恶霸，得到了一些狱友的尊敬，他已经能够在这样恶劣的环境里生存了，此时他的衬衫领口的第二粒扣子解开了，并且衣服已经不像一开始那么干净，已经和其他犯人一样有些脏旧，他那种文弱的气质中增加了一些强悍，这表明他已经能具备在狱中生存的能力了。第四阶段，他已经获得了典狱长和狱友的信任，并且他已经开始了自己的救赎计划，此时，他的衬衫纽扣已经解开了第三粒，甚至露出了一些胸毛，这表现了他对自己的信心，此时他已经胸有成竹，内心再没有任何惧怕了。第五阶段，狱中的一个青年人想跟他学文化，这时他的衬衫里面套了一件干净洁白的圆领衫，戴上一副眼镜，全然一副学者的样子，但这是在表明他内心的智慧已经被激发出来，他像一个智者一样，暗中设计着自己的计划。第六阶段，他给那个年轻人在监狱图书室黑板前上课，此时，他在衬衫外罩了一件灰色开身毛衣，沉稳而坚定，这时他已经获得了很多狱友的崇拜，像精神领袖一样的地位，这样的搭配更显得他理性而坚定，有一种值得尊敬的精神性。第七阶段，他开始实施他的计划，在最后这一天，他在衬衫外套了一件暗色牛仔猎装，造型简洁，而衬衫的领子再次扣到领口，表现了他果敢而坚定，内心再次封闭起来，看起来心神不乱，沉着冷静。第八阶段，他成功出逃，在狂暴的大雨中，在宽敞的空地上，他做出了那个最震撼人心的动作——甩掉囚服衬衫，赤裸着上身，向天空伸展开双臂。这象征他摆脱了牢笼，终于获得了自由。一件简单的衬衫，被设计师仅仅用穿搭方式，就与剧情丝丝入扣地、细腻准确地刻画了人物自我救赎的历程，这个救赎不仅是身体上的，也是心灵上的。

阶段一　阶段二　阶段三　阶段四　阶段五　阶段六　阶段七　阶段八

《肖申克的救赎》中安迪服装的穿搭方式表现了人物的心灵历程

第五节 图案纹样

图案是服装造型设计的重要组成部分，是构成服装的款式、色彩、面料三要素之外最重要的组成部分，可以说在古今中外人物服饰造型中无处不在。图案是一种实用性与装饰性相结合艺术形式，有较强的主观性、趣味性和规律性。从广义上讲，图案是一种将物象的造型结构、色彩图形依据一定的使用目的和审美需求与工艺材料相结合的设计方案；从狭义上讲，图案是指装饰在工艺品、实用品、建筑物及其他各具用途的物品上的装饰纹样，一般不具有独立的使用价值而依附于被装饰的主体。图案是与人们生活密不可的艺术性和实用性相结合的艺术形式。生活中具有装饰意味的花纹或者图形都可以称之为图案。服装图案，顾名思义即针对或应用于服装上的装饰设计和装饰纹样。

可以说自从有了人类社会活动就有了图案，它形成于原始人类对自然界的模仿和图腾崇拜，是对美好憧憬的反映。随着时代的发展，人类生产方式、生活方式和社会文化的发展变化，图案的形式和内容也都在不断发展。世界上每个民族、每个文化在每个时代都有着与其时代和社会相符合的典型图案纹样，也可以反过来说，这些图案和纹样记载着一个民族、一个时代的精神追求和美学追求。

一、表现社会时代背景与民族地域文化

服装的装饰图案运用也是时代的重要特征之一，可传达出民族、时代、宗教、地域等信息。世界上各个民族、各个地域、各个宗教，在各个历史时期都有其独特的纹样体系，有着很不同的形式和风格，例如从地域上看，欧洲、中东、中亚、非洲等地域都有各自风格特点鲜明的图案形式；从种族上讲，世界各地的民族图案形式更是多样；从宗教体系上讲，各宗教都有从各自教义出发的、具有特定含义的图案和纹样；从历史角度讲，即使是同一体系下的图案纹样，在不同历史时期都有不同的形式和样式。因此，影视人物服装的图案和纹样，可以非常准确地表达出这些信息。

在中国传统文化中，纹样所承担的文化与艺术的思想更是延续了几千年，从先秦时期的章纹之美的严肃凝重格调，到春秋时期的烂漫生动、汉代的飘逸虚幻、魏晋的缠绵空灵、唐代的饱满端庄、宋代的含蓄温婉、元代的华丽丰富、明代的秀丽质朴，以至到清代的“纹必有意，意必吉祥”的繁缛明丽，中国传统服饰一直与图案纹样紧密结合，共同筑建中国服装的艺术风格。古典题材影视作品中，人物的着装必定离不开图案和纹样的装饰，这些纹样传达出丰富的时代和文化信息。

陈凯歌导演的《荆轲刺秦王》，在美术和服装方面非常忠于历史，所有的建筑、器具、服饰都经过严谨的考据，务求真实地重现战国末年至秦帝国期间中国境内的生活面貌。在服装纹饰上，比较真实地遵照历史风貌进行表现和运用，影片整体风格充满古意。而服装纹样的使用传达出了秦朝的艺术风格，先秦时期的纹样类型有几何纹、花卉纹、以龙、凤、虎为主的动物纹和人物纹等，其中几何纹最具代表性。影片中秦朝风格纹样的运用，营造出了简约古朴和严谨有序的先秦风貌。

《荆轲刺秦王》中秦代风格的服装图案纹样，表现了时代的风貌

二、体现人物身份

在古典题材影视作品中，服装纹样是重要的体现人物身份的视觉信号。很多图案都有着特定的含义，很多时候是与人的身份和地位相联系的。在影视服装设计时一定要特别注意图案元素的运用。

中国自古便有“衣冠王国”的美誉，服装文化的内涵复杂细致而全面，款式、色彩、纹样具有不同的文化内涵，委婉而深奥，常常是“衣不在衣而在意，纹不在纹而在文”。中国传统装饰纹样的图案是统治阶级以图纹去推行的一种维系制度和礼教的统治工具，这在纹样题材内容上显示得较充分，例如，上古时期衣裳就有“十二章”之制，十二种纹样为日、月、星辰、山、龙、华虫、宗彝、藻、火、粉米、黼、黻。十二种纹样各有特定的象征意义。纹样不同，所属官阶不一样。天子之服，十二章全用，诸侯只能用龙以下八种，卿用藻以下六种，大夫用藻、火、粉米四种图案，士用藻、火两种图案，界限分明，不可僭越。而明、清两个朝代用于官服上标明品级的补子纹饰，绣以不同的飞禽走兽来区分官阶、品职。在影视服装设计中，尤其是古典题材的人物服装造型，在进行纹样图案设计时，要遵从历史上的服饰传统文化，使纹样和图案作为表现人物身份和阶层的表达工具，为准确塑造人物服务。

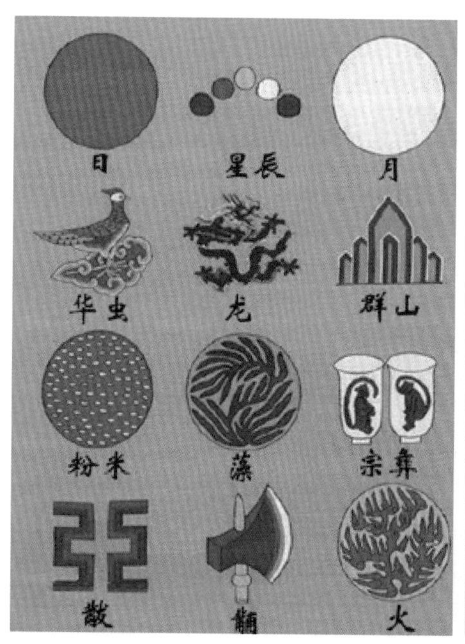

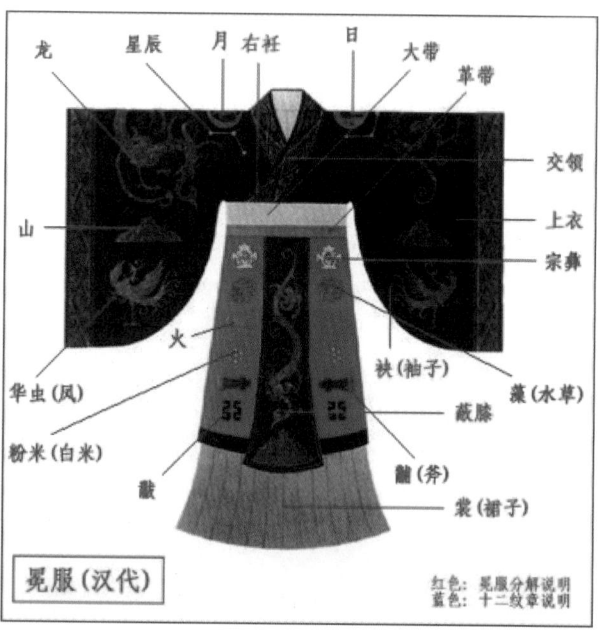

十二章纹和汉代冕服十二章的运用

《汉武大帝》中十二章纹的运用

三、表达人物性格

服装上的图案和纹样能够反映出着装人物的性格。从服装心理学的角度看，不同性格的人会对图案的形式、大小、配色有着不同的选择爱好，这就成为解读人性格的符号之一。

如喜欢大型花卉、比较强烈的纹样：性格开朗，自我意识比较强，喜欢被别人关注，热烈、作风大胆、直爽、敢作敢当、轻浮、张扬、独立、有进攻性；

喜欢小碎花：比较含蓄的人，温和、友好、朴素、细腻，有同情心，通情达理、女性意味；

喜欢规则图案：性格偏于平稳、内敛、敏锐、冷静、诚实、温和；

喜欢条纹图案：给人以稳重的安定感、理性、霸道、有逻辑、时尚、潜伏的孤独感；

喜欢格子图案：给人以有纪律、端正的、正派的感觉。其中大格子给人感觉开朗干练、坦率、独立、行动力强、有主见；小格子给人感觉有决策力、内向、谦虚、认真、协作、理性；

喜欢不规则图案：不循规蹈矩、有个性、叛逆、张扬、情绪化、自我；

喜欢小圆点图案：给人感觉活泼、开朗、时髦、俏皮、快乐、孩子的纯真、柔和、脆弱；

《弗里达》中的大花卉纹样：性格热烈奔放的弗里达

《简·爱》中的规则格纹：内敛坚强的简·爱

《艾玛》中的小碎花纹样：性格温婉柔和的艾玛

《魂断蓝桥》中的波点纹样：活泼娇俏的玛拉

服装图案与人物性格的表达

四、图案纹样的工艺类型

图案纹样在服装上运用形式非常多，不同的工艺方法会产生不同的装饰效果，而且，由于各个时代和各个民族的工艺水平的限制，不同的时代和不同的民族有不同的工艺手法。在影视服装上运用时，要根据影片的要求和人物的要求，对图案的工艺类型做出准确的选择，才能以正确的形式表达正确的内容。同时，不同的工艺有不同的美感，是影片的审美对象之一。图案涉及的范围很广，包括的内容极为丰富，所以在分类上也显得很复杂，角度不同，分类形式也各有所异。下面介绍最常见的几种分类。

①按空间形态分类：可分为平面图案和立体图案。平面图案包括面料、辅料的图案设计，服装上的各种平面装饰。立体图案主要包括立体花、蝴蝶结、各种有肌理效果的装饰。

②按工艺制作分类：可分为织造纹样、印染图案、编织图案、拼接图案、刺绣图案、手绘图案等。

织造纹样：纺织品在织造时，在纺织前进行设计，使用纱线和织物组织变化的方法，使织物呈现出的纹样和图案。如织锦织物、提花织物、色织织物，都是由变化织物组织而使织物产生图案。

印染图案：印染图案因染制工艺的不同形成了各种风格。如，直接印花是运用辊筒、圆网和丝网版等设备，将色浆或涂料直接印在面料和衣料上的一种图案制作方式。其中辊筒、圆网彩印适合表现色彩丰富、纹样细致、层次多变、循环规律的图案；丝网版印适合表现纹样整块、色彩套数较少，用作局部装饰的图案。另外，自由多变的冰纹蜡染、色彩润泽的扎染、细密兰花点的蓝印等传统手工印染也各自具有独特的风格。

绣制图案：刺绣工艺是一种历史悠久、应用广泛、表现力很强的装饰手段，常见的有平绣、网绣、雕绣、影绣、珠绣、盘绣等工艺及现代的机绣、电脑绣等。刺绣图案精巧秀丽、色彩华美、形式多样，可使服装具有高贵典雅、雍容富丽的装饰效果。

贴花、补花图案：贴花、补花是将一定面积的材料剪成图案附着在衣物上的装饰方法。贴花图案可使服装具有活泼、优雅、柔和之美感，同时也可以使服装具有对比强烈、结构多样的效果。另外，补花可以在针脚的变换、线的颜色和粗细上做变化，以增强装饰感。

编织图案：编织图案是利用棒针、钩针盘结等手法制作的图案。该工艺手法制作的图案肌理效果，有的类似浮雕，风格比较独特。

手绘图案：手绘图案是用毛笔和染料直接在服装上绘制图案。该工艺不同于印花，它具有极大的灵活性、随意性，不论是重彩还是写意都可以尽情发挥。由于手绘图案绘画味很浓，装饰性强，因此手绘图案用在服装上可以表现出独特的艺术感染力。

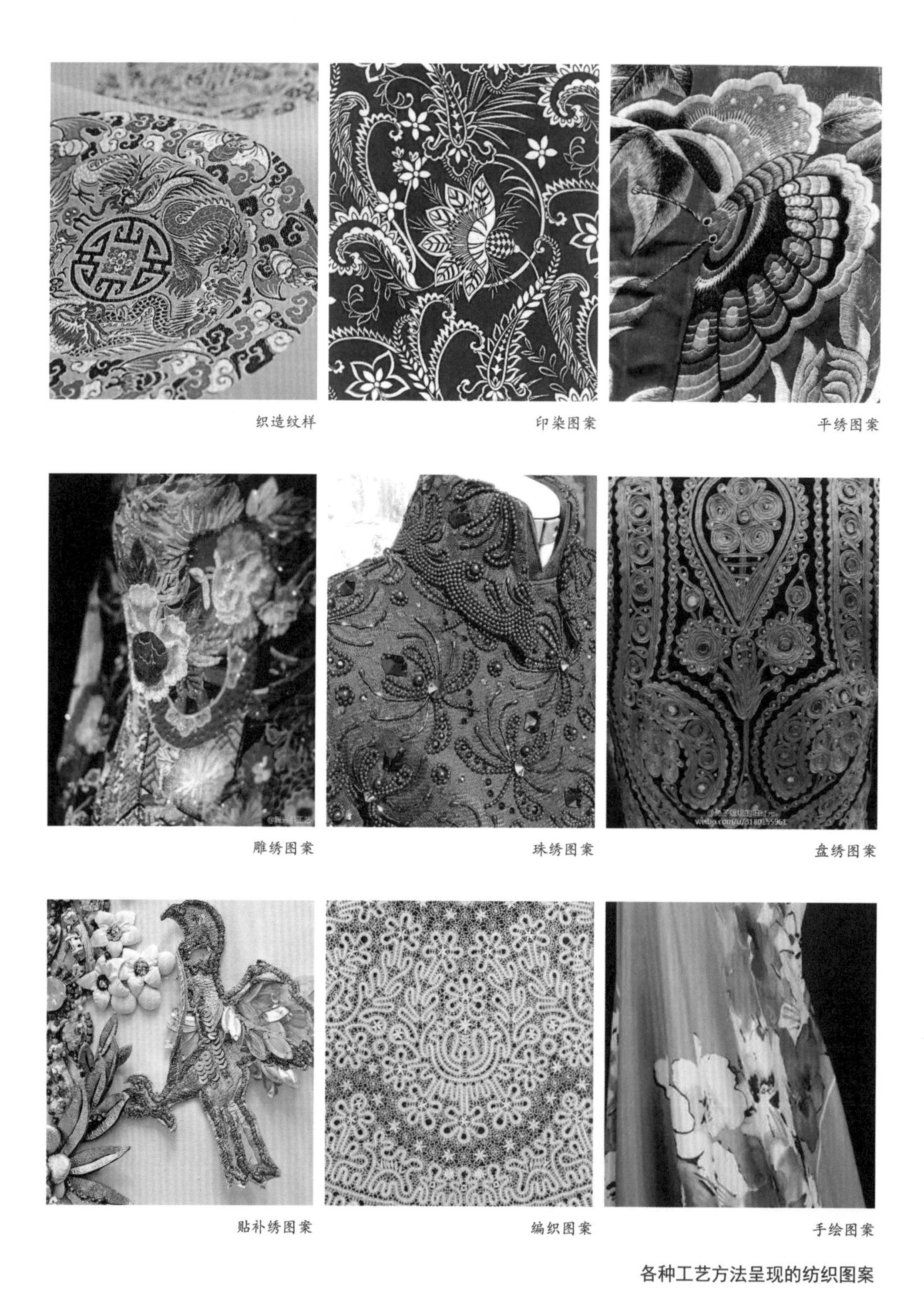

织造纹样　印染图案　平绣图案

雕绣图案　珠绣图案　盘绣图案

贴补绣图案　编织图案　手绘图案

各种工艺方法呈现的纺织图案

③按装饰部位分类：可分为领部图案、肩部图案、背部图案、臂部图案、袖口图案、门襟图案、下摆图案、裙边图案等。

在运用图案和纹样时，要注意以下几点：1. 要符合历史时代；2. 要符合民族文化；3. 要符合人物阶层地位；4. 要符合人物性格；5. 要注意色彩色调与画面协调；6. 要注意装饰位置和主次关系。

第六节 做旧与气氛装

影视服装还有一项重要的塑造生活真实和艺术真实的表现手法：即对影视服装进行“做旧”和“气氛”处理。所谓做旧，是指依照剧情的要求去加工处理服装，使之带有生活的痕迹，也称“估旧”“去火气”。做“气氛”是指在影片中为了特定的戏份如战争、打斗或在特殊环境下的激烈的动作戏等，而对戏服做出血迹、破损、脏污等表现真实气氛效果的工艺处理。这些做旧、做气氛的效果处理是影视服装生活化真实化的具体化操作。

由于影视服装必须在总体设计、制作上注重“生活感”，而且必须在很多细节的地方贴近生活，这也是影视作品在视觉真实与情感真实的要求，是创造电影美学价值的一种不可忽视的手段。

诚然，诸如陈旧、破损、灰尘、污迹等生活痕迹，在真实生活中并不是美的表现，而是不美观、不卫生、不讲究、不文明甚至是丑陋的形象，但是在影片特定的情景中，却又往往是造成影片浓郁生活气息和画面真实气氛的重要手段，是创造出较高的电影美学价值的必要条件。所以为了影片的艺术真实，服装师应该注意观察生活中的细节，精心地为戏服制造生活痕迹，使这些痕迹和气氛成为塑造人物形象、打造画面气氛的有力工具。

一、做旧

在一部影片中，除了特意表现人物穿着的是崭新的、笔挺光洁的服装之外，人物的服装基本上要经过做旧处理，以去除新衣服在视觉上呈现出的“火气”，将人物生活的痕迹展现出来。做旧的方法有很多种，从技法上讲有化学的方法和物理的方法，通过对织物材料的色彩处理，进行褪色或者着色，模仿生活中服装因洗涤、日晒、汗渍而产生的掉色，以及对织物的纤维和组织进行物理破坏，以模仿生活中，服装因穿用而产生的磨损或损坏等效果。

电影《指环王》在服装服饰的呈现上显示出精彩的设计，除了款式和色彩设计的优秀之外，对服装效果的处理也是非常精心，这也是使得整体服装服饰显示很好的视觉效果的重要因素。影片中打造的中土世界里，每一个人种、每一个部族、每一种文化都有不同的服装和造型，片中构建了庞大的服装体系，在所有演员所穿的戏服里，没有一件新衣服。设计师尼娜姬拉·狄克逊带领服装工艺师赶制了 19000 套戏服。做好的戏服全部经过做旧，把它们弄得脏脏的、旧旧的，看起来才像是经历过千辛万苦的冒险之旅的服装。阿拉贡的演员维果·莫腾森甚至在戏服损坏时自己动手补戏服，使它们看起来更真实。影片中像精灵族这么优雅高贵而又缥缈的族群，服装师也没有给他们穿上光鲜崭新的服装，而是在那些一层层轻柔的丝缎和绣花的材质上进行做旧，经过洗涤、漂白、染色后再打磨等很多道工序，让面料呈现一种金属般的亮度，使这些服装看起来符合他们这不死的高贵族群，穿了不知道有多久的岁月带来的陈而不脏的优雅。

《指环王》系列电影中每一件服装都经过精心的做旧处理

《荒野猎人》该片服装中还大量使用了裘皮元素，麋鹿皮与兔毛层叠而成的一件重达 100 磅的戏服分量十足，设计师特意上了特制的蜡以营造肮脏、阴暗的、毛发纠结的效果，以表现人物在荒野中求生的艰辛。

《荒野猎人》中皮革和裘皮的做旧效果

这些影片中，服装师对服装进行的一丝不苟的处理，为人物的真实，为视觉的真实做出了重要的贡献。

做旧的方法很多，也很灵活，主要可以分为以下几种：

1. 化学褪色法

主要模仿织物因皂洗、日晒、汗渍等因素引起的褪色，因此必须将新织物原色进行一定的去除，去除的方法就叫做漂白。

常用的漂白方法分为氧化漂白、还原漂白。无论是哪一种漂白方法，其目的都是将材料之中的有色物质——色素破坏并去除。漂白加工除了漂白剂的选择之外，加工条件往往起着十分重要的作用，与漂白效果紧密相连。

纺织品面料化学褪色工艺表

化学试剂	可处理织物	工艺	注意事项
次氯酸钠（漂白水，84 消毒液）+ 硫代硫酸钠（大苏打）	纯棉制品，如棉纱、棉织物、纯棉成衣等（不可漂丝织品，对丝织品会造成损伤，并且是不可逆的）	冷漂，温度 20 ～ 30℃，将被漂白物浸入后浸渍时间 40 ～ 60min，漂色时要随时观察，达到效果即结束漂色，即进行清水过洗	稀释时要用冷水，因为热水会令成分分解，失去效能。由于漂白水会刺激黏膜、皮肤及呼吸道，所以调校及使用漂白水时须佩戴保护装备
双氧水（25% ～ 30%）、双氧水稳定剂（硅酸钠）、食用碱	纯棉制品，如毛巾、汗衫、棉纱、棉织物、纯棉成衣等。蛋白质纤维材料，毛纱、毛衫、毛织物、散毛、丝绸等（其漂白 pH 值为 8 ～ 9，不可过高，因此只需加入焦磷酸钠 3 ～ 6g ／ L，不可使用烧碱，以免损伤羊毛）	将双氧水稀释（根据面料要褪掉颜色的程度进行稀释），配置成 1 : 50 左右的溶液，适当加入一些食用碱或碱性洗衣粉，用以调整 pH 值，加入少许石旨酸钠作为稳定剂，水温 50℃ ～ 80℃，浸泡半小时左右，搅拌，褪色达到要求即可捞起，用清水过洗	使用前一定要进行局部试验，确保衣物颜色的安全。特别是染色牢度较低的真丝衣物必须做局部试验。操作时须戴手套、眼罩进行自我保护
保险粉 + 焦磷酸钠	毛纱、毛衫、毛织物、散毛、丝绸等蛋白质纤维材料。	保险粉浓度 6％～ 10％（对织物重），焦磷酸钠浓度 4％～ 7％（对织物重） pH 值 6 ～ 7 温度 80℃； 将被漂白物浸入后放置时间 40 ～ 60 分钟	保险粉对于衣物纤维的损伤对于氧化剂而言要小很多，所以叫做“保险粉”。它可以用于各种纤维的纺织品而不至于造成伤害。遇到水能够自燃，属于危险品。非常容易受潮变质。一定要密封保存
高锰酸钾 + 草酸（或醋酸、柠檬酸）	纯棉制品，如毛巾、汗衫、棉纱、棉织物、纯棉成衣等	1. 漂白：高锰酸钾 1 ‰～ 5‰（对织物重），将被漂白物浸入后放置时间 15 ～ 30 分钟；温度为室温； 2. 去色淀：草酸或柠檬酸 1‰～ 3‰（对织物重），将被漂白物浸入后放置时间 15 ～ 30 分钟	高锰酸钾是非常强的氧化剂，它的能量大大高于双氧水一类的氧化剂。使用中特别要注意控制浓度，过浓的高锰酸钾可以将纤维炭化，造成严重的毁损。经过热水溶解后再加入清水稀释至需要浓度。

工具和化学药剂的选择应根据面料的性质而定。棉料和毛料比较容易褪色，且容易把握控制；麻料次之，丝绸面料极易被腐蚀，要选对药剂；化纤面料不易褪色。如果有做旧要求，在服装制作时尽量避免使用化纤面料。做旧工具、药剂和材料可在掌握面料性质的前提下，灵活选择。

工具和药剂的选择还要根据环境情况，比如拍摄时间为夏季时，高锰酸钾尽量少用或者不用，因其极易与汗水发生化学反应，致使做旧的服装出现“花”的现象，而且演员穿着也容易产生不适感。

此外还需注意，如果没有把握，则要在对服装处理之前，先在戏服相同的面料上进行试验，不要贸然在戏服上直接处理，以防出现问题后，没有时间重做服装，而对拍摄产生影响。

2. 仿旧着色法

模仿浅色衣物或者颜色鲜亮的衣服经长时间穿用后，经日晒、汗渍、水洗等因素所造成的色暗、泛黄、色旧的效果。

高锰酸钾刷涂法：用高锰酸钾溶液浸泡或者在局部刷涂或者喷洒之后，如果不用草酸过洗去色淀，衣物不褪色，而是会着上一层旧旧的棕褐色，这样可以作为上色仿旧。高锰酸钾溶液浓度不同，变色可产生的深浅不同。

茶叶水、咖啡水浸泡法：将衣物浸泡在茶叶水中，或按需要喷洒在局部，经过 20 ~ 30 分钟，不用漂洗，然后晾晒在充足的日光下。

互补色染色法：用纺织品染料将衣服进行整件过染，可用显脏的颜色，比如灰色、棕色，或者与衣服色相互补的颜色，比如红色衣服用绿色过染，可获得整件衣服色彩的陈旧感。染色时注意衣服面料要与染料配伍：棉、麻质地的服装用直接染料，毛织物和丝织物用酸性染料；棉、麻、毛、丝还都可用活性染料。

植物染色法：可用核桃木、石榴皮、决明子、荷叶等植物材料，对衣服进行煮染，可以迅速获得暗旧的色相。操作方法是，先将植物料加 4 倍以上的水，煮 30 分钟，萃取染液，可萃取两到三次，将得到的染液混合，投入经过浸泡的待染衣物，煮染 30 分钟左右，取出淋清水，晾干即可。为尽快得到染色效果，也可将待染衣物在染前浸泡明矾水，进行预媒处理。

鞋油擦抹法：先将棕色或浅棕色（或与黑色调配）鞋油涂抹在一块织物上，稍加揉搓使鞋油均匀细薄，然后在需要做旧的部位用这块织物反复擦抹，直至达到需要的效果，通常用于模仿领口、袖口汗渍，以及衣服穿久后油腻的前襟、袖头等效果。

在为《午夜牛郎》设计服装的时候，设计师安·罗斯为达斯汀·霍夫曼饰演的里佐设计的那件标志性的酒红衬衫就来自于纽约的街头。它本来是一件深红色的衬衣，但是它的款式和质地都符合安的要求，于是她用绿色来染，使它变灰，再通过漂白，让它变旧，再为里佐搭配了一条小店里买来的五美元一条的裤子，也经过做旧处理，使人物的状态生动地呈现了出来。

3. 物理破坏法

通过物理方法，使织物的色素、纤维和织物组织被破坏，以模仿衣物长时间穿着后形成的破损的效果。

局部打磨法：以砂纸、砂石、钢刷等工具，在需要处理的部位反复打磨，以破坏织物色素和纤维，直至达到所需效果。根据需要的效果，选择打磨工具，纸打磨效果柔和，适合作轻度磨损效果；砂石打磨效果硬朗，做较重度磨损；钢刷打磨可将织物纤维拉出。打磨时还需注意，若要模仿膝部、肘部等关节部位蓬鼓而又磨损的效果，可将衣物充分浸湿后，捆绑固定在有隆起的坚固物体上，待衣物自然风干后，进行打磨，以模仿长期穿着过的旧裤子膝盖部分的起鼓状态，直至达到所需效果。

局部刮磨法：选择要做磨破处理的部位，用一把钝刀的刀锋或刀片小心刮磨织物表面。同时破坏织物的染色和纤维，用以模仿较厚面料的磨损效果。在刮磨开始时需要比较大的压力，当面料已经撕裂时就会比较容易，直到刮出想要的破碎的效果为止。也可用钢锯条横向刮磨，可刮除经纱，只留下纬纱，形成褴褛的感觉。

撕裂法：在需要的部分撕扯至衣物产生裂口。难以撕开的地方，先用刀子将织物划伤，再进行撕扯，根据需要再决定是否需要将破口做旧。

拆纱法：将衣物的经纱或者纬纱进行部分拆除，使之产生褴褛的感觉。通常拆纱之后再做上色或者褪色，使之产生非常破败的效果。

4. 其他方法

烟熏法：将衣物挂在密闭小空间，空间点燃香，以烟气熏，以使衣物泛黄。

混洗法：将待处理衣物与旧的棉质毛巾放在一起，用洗衣机混洗，洗后衣服的纤维上会沾挂上毛巾的棉纤维，能够迅速获得老旧的效果。

火烧法：根据效果需要，在局部作火烧处理，烧出焦烂的边沿，或局部的碳化效果。

搅拌烘干法：把衣物与一些较硬的东西，如帆布运动鞋和旧毛巾一起放入烘干机内搅拌烘干，可以快速获得“穿旧”的感觉。可反复多次操作，直至获得需要的效果。

电影《梅兰芳》中陈列于玻璃柜中的黄马褂，是慈禧太后当年赐予十三爷的，为使黄马褂呈现出陈列几十年的陈旧感，工作人员用烟熏数月才达到画面的效果。

《梅兰芳》中用烟熏法做旧处理过的黄马褂

无论使用哪种方法，衣物做旧前，应先用衣物柔软剂或食用醋整体浸泡，改善织物的新鲜硬挺的感觉。可适当加大衣物柔软剂的投放浓度，使衣物褪去部分色素。

对衣物进行物理破坏后，要在破坏面或磨损面及裂口、破口处用茶水或咖啡喷洒或刷抹，避免暴露新鲜的纤维。

把新处理的破旧边缘磨圆润，可以让磨损部位的边缘更加自然真实，获得“穿破后磨损撕裂”的效果。

要想获得好的做旧效果，通常会将几种做旧方法同时使用，采用多方法，多次数作，要耐心且细心，才能获得逼真的效果。如《墨攻》的服装全部经过了做旧的处理。先将长袍全部使用高锰酸钾、消毒水和墨汁浸泡、水洗，重复多遍，最后加工成一种泛着微微土黄、灰黑的浅色，饱和度极低，呈现出陈旧感和久远的历史感，使影片的真实感增强。对于农民的服装，按照其生活规律处理细节，在做完褪色处理之后，再使用铁锉将衣裤的边、袖口、领部、膝盖和屁股处锉旧甚至撕烂；当四个农民逃亡不成，做奸细回到梁城时，设计者在几番做旧处理的基础上，又将一些土和碎草屑涂抹和洒置在他们身上，以表现路途上黄沙漫天，荒草满地的艰辛，使整体效果更加自然逼真。

《墨攻》中的服装造型

二、气氛装

所谓气氛装是因故事情节需要，根据角色的伤、残、死的剧情要求，对服装进行特殊效果处理，达到所需的影片气氛要求，包括战争、灾难、恐怖等题材内容的影片。主要使用人造血浆甚至棉花等材料，模仿不同类型的伤、损效果。

在战争气氛装中，要能表现战场的气氛，如服装必须有硝烟迹、血迹等，根据战争的描写，注意细节。如出征与凯旋时，服装会有不同程度的气氛效果，这和战争的类型、交战双方的武器装备、战争的惨烈程度都是相关的。战争场面的服装气氛效果处理，此种情况并不只限于生活痕迹的模仿再现，而是要根据影片的需要表现战争。

在处理方法上，除了首先要按要求对服装进行做旧处理之外，还要模仿硝烟的痕迹、模仿血迹等特殊的战场作战痕迹。要根据战况来进行效果仿制。服装师要善于分析，合理运用材料，灵活运用技法。如硝烟的痕迹，可以用烟火师做爆炸效果时用的黑灰，也可以选用烟灰、草灰、自制的香灰土，这些灰的颜色有深有浅，可以多种灰交替使用，可以做出自然、真实的效果。

血迹通常用人造血浆来模仿，在实践过程中，也不少材料的配方是服装师们习惯使用的。比较典型的、使用时间比较长的是可以自制的“血浆”。如果血浆有可能会流入演员的口中，就要用比较安全的配方，以保障演员的安全。方法是使用白酒、红糖，加入食品红，熬制而成。“血浆”的浓度可以根据需要调配，也可以根据剧中角色受伤后的不同阶段，做出不同的气氛效果。从鲜红色到暗红色，直至血色发乌，红色几乎消失，到成为干血。还有一种较为常用的方法：可用洗洁精、红糖或者蜂蜜加适量食用色素调和而成，洗洁精由于造价低、易洗涤，不招蚂蚁的特点而被广泛运用，红糖或者蜂蜜仅作入口的血浆效果时使用较多。另外，棉花由于其团状及可塑

《血战钢锯岭》

《拯救大兵瑞恩》

《兵临城下》

各种不同的战场气氛装

性，与假血浆可模拟出血肉模糊的逼真效果。

此外，战争中的爆炸会导致战场上有大量的粉尘，服装上也必然要沾上粉尘，要根据剧情需要，合理洒粉尘做效果，过多过少都是不真实的。

《群尸玩过界》

《杀死比尔》

恐怖片、动作片、犯罪片中使用的气氛装

恐怖片、丧尸片等需要制造恐怖气氛的影视作品中，服装做气氛效果也是非常重要的，在设计和制作过程中，都要有前期认真合理的分析，要有对细节的仔细考量，后期要有合理的处理方法。总之要既能配合影片气氛，又要真实自然。

总之，服装的做旧和气氛效果的处理方法多种多样，是要求服装师细心观察生活，认真细致处理。这需要不断地提高自己的专业素质和审美水平，唤起对生活的真实体验，在具体工作中开动脑筋、不断寻求新的方法，解决新的问题，举一反三，制作出有着浓厚生活气息，有着丰富生活质感，有着自然逼真的视觉效果的戏服。

思考题

1. 造型元素是如何在影视服装设计中运用的？各个元素与整体造型的关系是什么？

2. 结合影片，分析各个造型元素在服装造型中的运用；分析这些造型元素对人物、剧情、影片视觉风格等的塑造和影响。

第六章 影视服装设计的创作流程

影视服装创作工作是由服装设计、服装制作和服装管理这三个方面组成，也就是前期、中期和后期的工作。其完成过程从前期案头工作到中间阶段的制作，再到后期拍摄现场，直至银幕呈现，不仅要遵循服装设计的创作过程，也必须遵循影视创作过程。这几个阶段密切相关，各有侧重，且每个阶段均决定着服装形象的最终表现效果。每个阶段都有着细致而繁重的工作，而整体工作过程庞大而又复杂，每一个环节都不能放松，任何一个懈怠或者疏忽，都会给最终的结果造成很大的影响。

第一节 前期——设计

一、研读剧本

剧本是影视创作的基石，是导演、摄影、美术、服装和全摄制组的创作依据，是全部创作活动的出发点，是完成影视作品的工程蓝图。因此，在进行设计创作之前，研读剧本是进行银幕造型创作的关键一环，要从以下几个方面对剧本的研读。

1. 了解故事背景

首先要掌握剧本故事发生时期的时代背景，包括社会情况、政治形势、阶级关系的变化，人们的思想心理状态、当时重大事件的始末，概括归纳出几个方面的历史特点和时代特征，以此作为用服装表现历史、表现时代氛围的创作依据。

其次要明了故事发生地的地方特色和民族民俗特点。每个国家，每个民族在不同的历史时期、不同地理环境都会明显地呈现出不同的地方特色和民族风情。因此，人们的社会生活、风俗时尚、人文习惯等，因活动环境不同而有着极大的差异。这就决定了不同地区、不同民族的文艺作品必然有其独特的内容，而地方特色和民族民俗特色则是其主要的组成内容。影视服装的样式及其色彩基调是最能体现并代表影片中人物的民族民俗特色及其地方特色。

2. 明确剧本的题材、主题思想

服装设计师要准确地把握主题思想，以此作为产生人物服装设计的总纲并用以指导形象思维。设计者艺术美感的触发是来自多方面因素的，但在一般情况下主题思想可以诱发人的艺术联想，产生具有形象性的某种艺术形象或构成设计意向。

3. 明确电影剧本的艺术风格和样式，确定影片的类型

了解剧本的艺术风格和样式，确定影片的类型，是确定服装设计风格的依据，人物服装造型风格要与剧本的风格类型和样式相适应，要有符合风格类型的艺术特质。确定设计的主体风格，做出主体风格定位，具体设计才能随之展开。

4. 概括剧本故事、情节和事件

分析剧本所展示的纵向故事线，找出主要情节，具体事件的转折与演变，把握情节展开的开端、发展、高潮与结局。在人物服装造型上要能够起到辅助、展示或者暗示这些转折的作用。

对事件中的主要事件要进行重点分析，以寻找适宜的角度用服装元素进行视觉表达。注意明线、暗线之分，以强化主题。

二、做人物分析

电影中的人物，是电影创作中的核心，也是作品的核心。按照剧本分析常规，人物分析应包含在剧本分析之内。但是根据本专业即影视服装设计专业的需要，宜将人物分析作为一个相对独立的部分而另行单列，予以专门分析。影视作品是在动态的过程中进行叙事，因此要以深入了解人物的年龄、职业、身份、地位、性格、兴趣、爱好，以及人物形象的发展变化过程。根据故事情节、人物性格行为、语言特色，以及一些信息推断主要人物的前史和剧本以外的故事。用推理的方法给主要人物建立履历表，拟写人物小传，分析人物性格状态与生存环境。

把主要人物生活的内容分成两个基本范畴：内在的生活与外在的生活。人物内在的生活，是从他出生到影片开始这一段时间内发生的。这是形成人物性格的过程。人物外在的生活，是从影片开始到故事的结局这一段时间内发生的，这是揭示人物性格的过程。要由缜密的逻辑性出发，使人物立体丰满，使人物在影片中性格的形成及性格特征是有前因后果的，这样人物在影片中出现的形象就有着充分的依据。

这样的人物分析非常有助于用服装来表现人物的深层次的性格，如在为《午夜牛郎》设计服装的时候，设计师安·罗斯为达斯汀·霍夫曼饰演的里佐进行服装设计时，那件标志的酒红衬衫就来自于纽约的街头，而里佐的裤子则是在纽约客运站旁边的一家小店买来的，当时他们在甩货，裤子五美元一条，这些裤子被摆卖了很久都无人问津，但设计师让它走进了主角的生活。安在为里佐定制那件西装外套之前，她需要先想象这样的一个角色在生活中他的衣服会从何而来，要想象这件衣服可能有过的经历："我觉得它有可能是某个高中学生在参加完了他的高中毕业舞会以后扔到垃圾桶里的。"安在一次采访中这样回答。里佐的衣服确实只能是从垃圾桶中找来，或者

去二手服装店偷来。然而对于设计师来说，这却不是一个只需要付钱取货那么简单的事情。就是这样一个一个沙里淘金的过程，设计师为表演者和他的角色之间建立起了一座座看不见的桥梁。而这些“桥梁”的建构，就建立在设计师对人物的充分理解的基础上，设计师的脑子里要有人物成长的生活过程，这些过程是形成他性格的重要影响因素，因此，如果想把人物刻画得细腻、精准，要做好充分研究，写好人物小传、人物分析是必要功课。

人物分析——白嘉轩

白鹿原的族长白嘉轩，是白鹿原里非常重要的人物。他沉着、冷静，自信且有智慧改变了自己的命运。白嘉轩也是一个复杂的人物形象，是一个矛盾的结合体。

人物命运

首先，他是一个谨遵孝道，身体力行的人，白嘉轩作为一家之长，以“孝”作为治家的根本。“孝悌”是仁德的根本，其根本内容是父慈子孝，兄友弟恭。所以一方面他要竭力表现出对父母的孝敬，同时也严格要求子女对自己的孝顺，服从自己意志的支配。虽然他只读过五年书，对儒家文化精义却早有领悟。对父母，他谨遵孝道，身体力行，实现对父亲的临终承诺，以及对母亲的唯命是从和关爱。他也同样以“孝”要求儿女，在给儿子取名时，均以“孝”字作为行辈，强调“孝”字，意在希望自己的儿子也能谨遵孝道。白嘉轩要把自己的一切价值观念、道德规范毫无保留地传给自己的子辈，把他们培养成忠诚贯彻封建宗法精神的奴隶。白嘉轩是封建传统文化的典型代表，他受传统文化的影响已经深入骨髓。

其次，自信持正，仁爱忠义。白嘉轩给人的印象是“腰杆子挺得太直太硬”，即便是被黑娃打断了腰也依然努力地挺着。白嘉轩的为人处世也保持一种挺直的原则；但是在这严肃的外表下白嘉轩的确特富人情味，而且完全发乎真情。这在对自己长工鹿三身上就体现得淋漓尽致。“自信持正，仁爱忠义”似乎成了维系他整个人格得以支撑的主要品质因素。在任族长期间，他始终自信自持，除了正规的伦常范围内的婚姻外，他绝不像鹿子霖那样拈花惹草，搬弄是非。也是因为对正义的追求，他发动了抗税的斗争，坚决拒绝替乌鸦兵敲锣征粮，哪怕枪管抵在他的脑门上也不为所动。他对“正义”的笃信与维护由此可见一斑。白嘉轩一直坚守做人要做得正，行得直的原则，使他较之别人具有更为鲜明的人格独立性，他也因此获得了人民普遍的尊敬与爱戴。他的仁德之举实在太多太多，影响着周围的人群，也吸引了相当一部分仰慕其仁德作风的人。哪怕是对待自己的冤家对头鹿子霖，打断自己腰板的黑娃他都用“义”的原则去指导自己的行为。

再次，执法如山，坚持原则。白嘉轩作为本族具有至高无上权力的族长，主宰着全族人的生死祸福，评判着族内事件的是非优劣。他一直努力用封建宗法整饬族内秩序，维持着体面的完整与安宁。在执行族规的过程中，他的确坚持原则不徇私情，哪怕是自己的儿子触犯了法律也照惩不误，甚至更加严厉。白嘉轩执行族规家法的严厉态度表明了他对整个封建伦常的无可置疑与坚守。

结局：被黑娃打折了腰，标志着传统封建思想的？

人都具有两面性，白嘉轩也不是近乎完美的人。我们不难看出白嘉轩也有着“狡猾奸诈”的一面，也就是他能在白鹿原翻身的重要转折点：换地。不知道该用“足智多谋”还是用“狡猾”二字形容他。但在与鹿子霖的对比下，白嘉轩的狡猾确是足智多谋，聪明敏锐。

通过白嘉轩人物的形象的分析，他的整个思想体系，无一不是中国正统文化的翻版，他的一切民间性活动，无一不是在这种正统文化的指导下进行的。作为一种文化精神的人格代表，他的身上显露着太多的传统文化优秀因素，体现着相当高的精神价值。但白嘉轩的这样的思维和性格却又与当时社会的发展相背离，白嘉轩的态度无疑是保守的、陈旧的。在他的思想潜意识中，传统的道德规范至高无上，只有严格遵守这种这些规范才能赢得别人的尊敬与爱戴，才能达到自己建立功名的目的。这是白嘉轩整个形象的独特所在。

典型性格

正面：坚毅正直，淳良诚挚，兢兢业业，精明能干，仁义宽容，严肃认真，谨慎刚强 敏锐果敢，朴素，侠肝义胆

负面：谨慎，顽固

人物小传基本格式和内容范例（北京电影学院学生作业　王虹）

《白鹿原》主要人物关系表

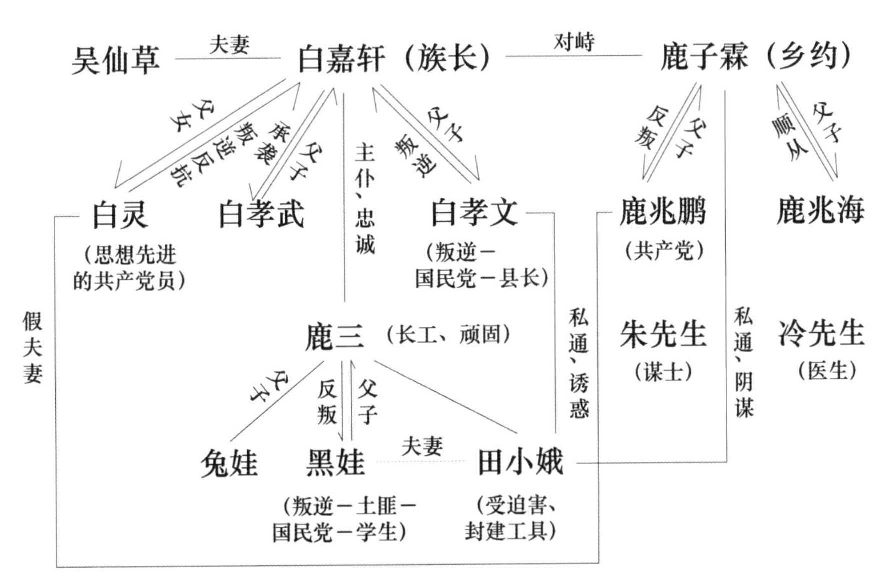

人物关系表范例

三、制作人物关系表

对人物关系进行认真分析，建立人物关系表。首先要明确剧作中主体人物，是单主体结构如《阿甘正传》、双主体结构如《这个杀手不太冷》，还是群像式人物结构如《低俗小说》；把握剧本中人物的主次之间关系、主体与对立体之间关系、次要人物之间关系；要分析哪些人物出在矛盾与转折的关键情节中，人物之间关系有没有转换，戏剧性冲突在哪些人物之间展开，哪些人物是情节推动的线索，哪些是主体的辅助体，哪些是对立体的辅助体。

人物关系与人物的性格、剧情的展开和推进都与这非常重要的，也是做人物服装造型设计时重要的依据。

四、创作素材研究

在对剧本和人物进行理性分析之后，按照常规，将进入到搜集、整理、研究创作参考资料的阶段。在这个阶段，将解决理性认识向具体形象的转化。这是设计构思的关键环节。参考资料，按形式分，有文字资料、形象资料等两大类。对于服装设计来说，形象资料当然是主要的设计参考。一切对创作有用的参考资料均可视为创作素材。同时，设计师在面对一大堆的素材时，应该具有既有一定考证而又不为历史真实所束缚的态度，满怀情感地放手进行符合影片风格和剧情的创新构思，从而发挥出设计师对素材运用的能动性。

1. 在本专业领域寻找素材

电影诞生至今才经历了一百多年，而服装已经历了几千年的发展。因此，服装自身的历史就是一座内容丰富、历史悠久、涉及面广泛的创作素材的艺术宝库。在这样宏大的宝库中，任何一部影片都能从中搜索出大量的历史依据和艺术创作元素。它使人物的服装更具真实性和历史考据性。设计者可以从文字记载、照片资料以及实物资料几个方面进行收集。将几个方面的素材进行综合分析，可以为设计创作提供可靠的依据。，

2. 从一切姊妹艺术中寻找相关素材

与电影服装相关的姊妹艺术，主要包括舞台服装、戏剧服装、戏曲服装、生活服装、舞蹈服装等其他门类的服装艺术。这些种类的服装都具有一定的历史年代，与电影服装也具有一定的共性。电影服装可以从中寻找到许多可鉴之处，从而扩大了自身的创作范围和艺术表现手法。此外，其他形式的艺术也是有着很大的借鉴之处的，如绘画艺术、雕塑艺术及各类民间艺术品等。如历史上第一部获得奥斯卡最佳服装设计奖（彩色）的影片《圣女贞德》（*Joan of Arc*，1999），其所穿着的铠甲就是以历史上多种艺术形式对圣女贞德的形象描绘的素材作为参考，服装设计有着浓郁的历史感和真实感，使英格丽·褒曼塑造的圣女形象真实而感人。

中国传统服饰从服装形制、款式、色彩搭配、图案内容到排列方式及制作工艺在史书记载中都是十分完整的，只是年代久远的出土的实物不多，可依靠的更多是文字描述的部分。因此，更要求设计师在创作时要广泛查阅资料，把握不同时期的服装服饰样式的典型特征，服饰背后的精神内容和文化内涵。这样才能设计出合乎社会文化、合乎中国文化内核，又具有意蕴与形式美的服装。

现代服装服饰虽然已不再有明显的社会等级之分，但依然承担着现代生活的文化内涵，在做素材研究的时候，要寻找人物类型的普遍性特征，也要寻找人物的个性化特征，可以从真实的写

《圣女贞德》中的服装造型

作为参考资料的圣女贞德素材——各种艺术形式的画像和塑像

实照片素材中提取设计灵感，也可以从其他影视作品中搜集典型元素。

五、设计构想说明

素材收集之后，根据剧本内容、导演的艺术理念以及影片总美术理念，确立人物造型的总体设计理念，建立设计构想，撰写设计说明。这需要深入研究人物所生活的时代背景及当时的服装特色，从年代、地域、民族等宏观角度全方位、多角度地把握服装特性。在历史资料完备的基础上，分析人物的年龄、职业、身份和性格，对每个角色提出明确的设计构想。设计构想分为总体造型构想和每个人物设计构想。

在设计构想中，要分几个部分：

1. 确定整体视觉风格；
2. 确定依据剧情发展，人物的命运起伏，需要将人物的造型设定为几个阶段，每个阶段要表现的主要精神气质是什么；
3. 确定每个人物和每个阶段的色彩调性和形貌风格；
4. 确定符合人物的设计主体元素及设计元素的运用；
5. 服装造型的款式风格和特色，搭配设计；
6. 服装配饰的搭配和选择；
7. 面料风格及种类的确定和选择；
8. 能够深化表现人物的服装和服饰细节，或者穿搭方式的细节。

将以上内容用文字做清晰明确的阐释。

六、绘制造型设计效果图

在经过研读剧本以及做设计构想之后，服装设计师在进行素材的搜集、整理的基础上，要开始进行服装样式设计，并以服装设计效果图的形式展示出来。服装设计效果图是把设计构想以视觉化方式呈现出来的第一步，它能够为主创人员，尤其是导演、总美术、摄影师，以及演员提供可供讨论的人物视觉形象。主创人员可以根据设计效果图来审视全剧的风格、形式是否统一和谐，人物服装造型的设计是否符合影片的整体艺术和视觉风格。尽管这个阶段还仅仅是纸上谈兵，但它能够同场景设计、道具设计效果图一起，为创作各部门提供了纵观全剧风格、人物、画面色彩、色调、气氛的具体形象。

效果图还有着非常重要的技术实用功能，即要作为其后进行的实物制作的执行依据。

效果图绘制的风格有多种多样，但要保持整体风格与影片的气韵、格调、气氛相一致，并且要能够与人物的性格、气质协调统一。此外在表现细节上也要注意，要能让导演、美术师和演员看懂，也要让服装工艺和制作师看明白。

在初步方案确定之后，效果图上要附上面料的料样，用以说明服装的基本用料风格和主要用料。这一点也很重要，主要有两个方面的作用：一个是给导演、美术和摄影看，以确认材质是否符合画面风格和灯光摄影的要求；二是作为后续制作时选取、选购服装面料的参考。服装效果图的表现方法见本教材的“第七章：设计图的表现方法”。

第二节 中期——制作

一旦服装设计师的设计方案确定，就要进入下一个阶段，即服装制作阶段。根据影片规模，这个阶段在执行时分两种情况：一个是服装设计师完成设计方案后，由监制团队进行服装监制，这种情况多为投资规模较大，戏服种类和总体数量较为庞大的情况。最后的戏服呈现效果与监制的能力与水平非常相关，甚至可以说监制团队决定了最终呈现的效果；还有一种情况，是服装师亲自驻厂进行监制，从每一个环节进行把握，控制戏服最终的呈现效果。这种多为投资规模适中或中小型规模，戏服总量不大，或者两种情况各有优势：监制团队有比较丰富的驻厂监制的经营，对服装生产加工程序非常了解，利用他们的经验，能够比较顺利地完成制作加工步骤，遇到问题，通常有比较有效的解决办法，但有时可能会对服装设计图的理解产生偏差，可能会对服装最后的效果与设计师的设计构想不完全一致。服装师亲自监制会比较准确完成设计构想，但有的服装师对服装制作工艺经验不足，有时反而在最终呈现的效果上达不到预期效果。如果设计师有较丰富的服装制作经验，在制作过程中严格指导把关，则最终完成的服装会有比较理想的呈现效果。

在这个阶段，有以下几个步骤的工作。

一、了解预算

虽然服装设计师并不参与服装总预算这项工作，但了解整体服装预算是非常有必要的，这关系在制作戏服时，根据投资情况选择安排选料、配料。比如大制作影片的戏服，就要在面料、工艺、配件、装饰料上尽量选择真材实料，在工艺选择上也要选择保证效果的工艺，以保证拍摄效果。比如古装宫廷戏，如果是大制作，在选料上尽可能选用真丝材料，织造精良的锦缎、提花织物等传统面料；在工艺上，重要演员的重要戏服的绣花要选择手工刺绣；在装饰件上，要成色较好，甚至要求是真正的珠宝材料，要用手工缀缝等，总之是要尽量保持精美的水准。甚至群众演员的服装都要按照要求精心制作。如果不是大制作，就可能在一些环节上稍做放松，以控制成本，用一些替代材料和较为简略的工艺，在制作数量上也尽量控制。群众演员的服装可能就会采用部分租用等方法，以缩减成本。因此设计师了解预算的情况下，可以最大限度地保障主要部分的服装制作水准。

二、选料配料

选择服装面料是影响戏服呈现效果非常关键的一步。要求根据设计效果图，进行选料。每一件戏服都要认真选择，面料的材质、质感、面料的颜色、纹样等都要与设计图相符。第一步要选择主料，确定主料之后，根据主料进行搭配其他材料，如衣边料、镶嵌料、里料、花边、纽扣配件等料，每一个细节都不能放松。除颜色和质地的搭配之外，各个材料之间的配伍也要特别注意，性质完全不同的服装材料，在一起使用时要特别注意，要防止因为性质的不同，在做出成衣后出现各种毛病。所有面料辅料选好后，剪下材料小样，粘贴在服装效果图上，并要标明使用位置。

三、测量

戏服开始制作之前，要对演员进行量体，记录演员的身体数据，提供给制作单位，以便工艺师按照演员的身体数据进行剪裁制作。而“量体裁衣”是服装裁剪最基本的要求。任何一个时装款式，量体、裁剪的好坏不同，都将产生完全不同的效果。因此，服装师要掌握量体的正确方法，这对能否做出质量上乘、合体美观的服装，实在是至关重要。

量体时要注意以下几点：

（1）要求被量身者穿着紧身衣物，端正站立，双臂自然下垂，呼吸平缓，不要有多余动作；

（2）在测量各种“围度”时，应注意皮尺不要拉得过紧或过松，要保持水平；

（3）围量肩宽时，应注意皮尺松紧度并保持水平；

（4）围量胸围时，要求被量者两臂垂直，最好不穿高跟鞋，并保持身体挺直平视的立姿；

（5）围量腰围时，须放松腰带；

（6）量袖长时，注意手臂自然下垂，不要弯曲，不要抬起；

（7）冬天做夏天服装，或夏天做冬天服装，须了解被量身者着衣习惯、区域气候，在量体时应适当缩小或者放大尺寸，并做好详细记录，作为尺寸调整依据；

（8）量体时要观察被量身者体型特征，Y、A、B、E 四种体型特征，有特殊部位要注明，

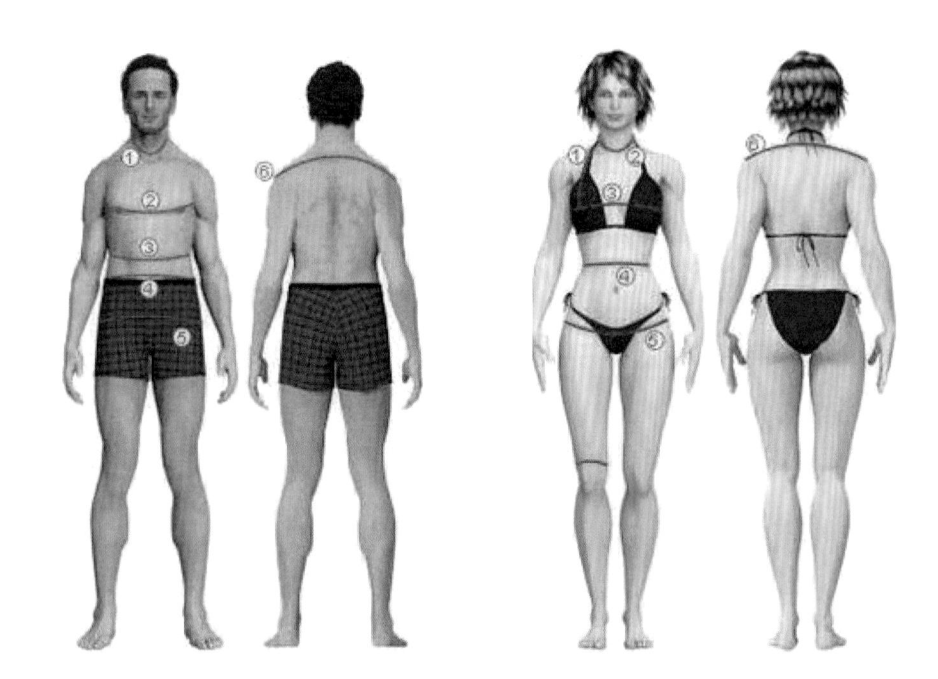

并记录在档，以备裁剪时参考。Y 为瘦体型，A 为普通型，B 为胖体型，E 为特胖体型。在四种基本体型之外还有两类之间的体型，如 YA 为较瘦型，AB 为稍胖型，BE 为肥胖型；

（9）不同体型有不同要求，体胖者尺寸不要过肥或过瘦，体瘦者尺寸须稍宽裕一些；

（10）量体要按顺序进行，以免漏量。

量体具体方法：

1. 总体高：代表服装“号”，由头部顶点垂直量至脚跟。

2. 头围：将皮尺在前额经过后枕骨最高处围量一周。

3. 领围：通过肩颈点、后颈点、颈窝点，在人体颈部围量一周的长度，也可理解成：围绕脖子根部一圈的围度。.

4. 肩宽：从左肩端点经第 7 颈椎点（后中点）到右肩端点的体表实长，肩端点通常会较难准确定位，可以用两手指交叉的方法寻找两边肩端点。款式需要夸张时，肩可适当放宽。灯笼袖款可适当改窄。

5. 袖长：由左肩骨外端顶点量至手的虎口，按需要增减长度。（出手，中式服装的测量方法，手臂自然下垂，由后颈点经过肩点至手腕、虎口或拇指指尖）。

6. 上臂围：上臂最粗处水平围量一周。

7. 手腕：围量手腕一周，再按需要加放尺寸。还可根据款式的不同用胸围比例法计算。

8. 胸围：以胸部最丰满的胸凸点为测点，用软尺水平围绕胸部一周，记下读数即为胸围尺寸。皮尺不松不紧为宜，注意后背的平衡。

9. 胸高：自肩颈点至乳峰点的长度。

10. 腰围：代表裤子类服装“型”。在单裤外沿腰间最细处围量一周，按需要加放尺寸。

11. 腰节：一般体型可按总体高算出。遇到特殊体型时，就需要量取前后的腰节尺寸分别量取前后腰节的尺寸。前腰节长：从身体正面肩颈点经胸高点到垂直腰线的体表实长（测量腰节时可先用一根细绳或皮尺固定腰线位置）；后腰节长：从身体背面肩颈点垂直腰线的体表实长。

12. 臀围：以臀部最丰满处，即大转子点为测点，水平围绕臀部一周为臀围。注意口袋里不能有任何物品。

13. 裤长：由腰部左侧胯骨上端，向上 4 厘米，往下量至脚跟，再减 3 厘米。

14. 上裆：由腰部右侧胯骨上端，向上 4 厘米，量至大腿根。

完成测量后，纪录各项数据，需为每名演员填写一张《量体表》。仔细地在《量体表》上填写演员信息，包括姓名、饰演的角色，以及各项数据，填好后交给制作单位。各工厂和加工单位的量体表有所不同，要求测量内容也不尽相同。可以根据服装款式需要选择测量项，也可根据自己的需要，自己绘制量体表。

尺寸表

姓名	饰演
高度	cm
全长 1	cm
头围 2	cm
领围 3	cm
肩宽 4	cm
袖长 5	cm
手臂 6	cm
手腕 7	cm
胸围 8	cm
胸高 9	cm
腰围 10	cm
腰直 11	cm
腰至膝 12	cm
坐位 13	cm
大腿围 14	cm
裤长 15	cm
裤内长 16	cm
下浪 17	cm
鞋号 18	cm
脚背 19	cm
靴子围 20	cm
臂根围 21	cm

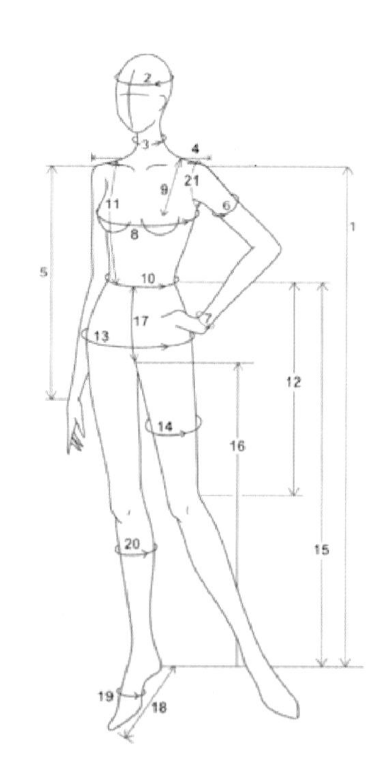

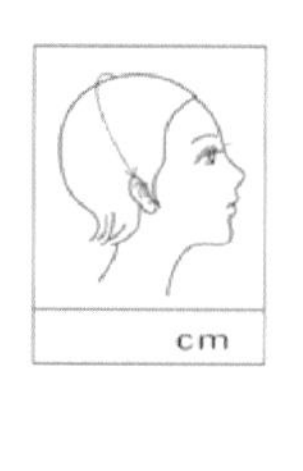

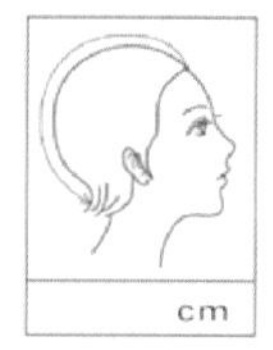

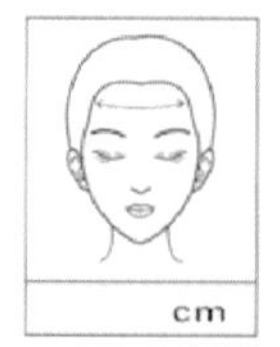

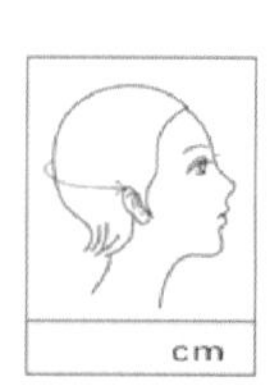

四、绘制服装款式图

服装款式图、也称服装平面图或服装款式结构图，是以表现服装工艺结构，方便服装生产部门使用为主要目的服装款式图。

因为服装款式图的绘制要为服装的下一步打板和制作提供重要的参考依据，所以服装款式图的画法有着自己的规范要求。款式图的画法应强调制作工艺的科学性，结构比例的准确性。要求服装的表现一丝不苟，面面俱到，线条清晰明了。在款式图绘制完成后，一定要能使服装行业的所有参与生产层面的工作人员都能看得清清楚楚，一目了然。在此基础上，服装款式图的绘制也要讲一定的美感，使其能更加完美地体现设计者的设计思想。

五、下单

所谓“下单”，即是向服装加工单位下服装加工订单，就是要将加工戏服的加工任务下达给加工单位，包括加工的服装款式要求、服装面料要求、加工工艺要求、数量要求，以及完成时间要求等。

尺 寸 表

姓名	饰演
高度	cm
全长 1	cm
头围 2	cm
领围 3	cm
肩宽 4	cm
袖长 5	cm
手臂 6	cm
手腕 7	cm
胸围 8	cm
胸高 9	cm
腰围 10	cm
腰直 11	cm
腰至膝 12	cm
坐位 13	cm
大腿围 14	cm
裤长 15	cm
裤内长 16	cm
下浪 17	cm
鞋号 18	cm
脚背 19	cm
靴子围 20	cm
臂根围 21	cm

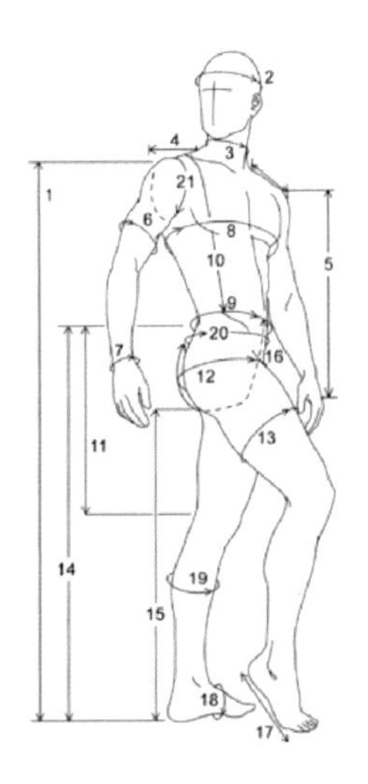

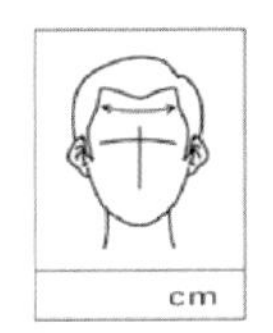

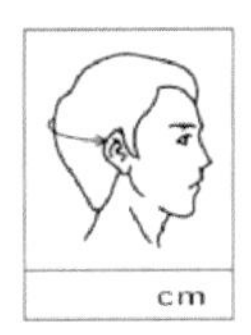

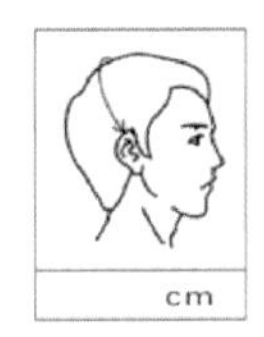

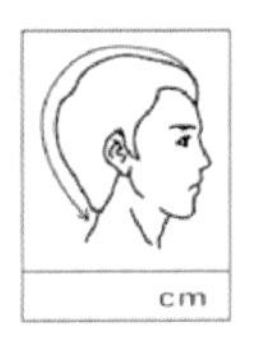

尺寸记录表

订单信息包括服装的款式设计效果图、服装款式结构图，演员的量尺表，效果图上附材料小样、辅料和配料小样。

六、监制

服装的制作过程就是对设计图纸进行的实物呈现过程，需要很多的工序和复杂的过程，需要服装设计者仔细监督每个环节，随时纠正不符合设计意图的部分，并对产生的难题与工艺师一起商讨解决的方法。其中两个需要特别注意的环节，一是制版，一是挑选面料辅料。制版是关键环节，决定着服装的造型，因此监制过程中要与工艺师一起反复校对和修正调整版型，使版型符合造型要求，也要符合演员的尺寸要求。面料更是对服装的视觉效果起着关键性的作用，每一块面料的选择都要精心。此外，制作过程中，有时也面临选择工艺的问题，要选择既能体现服装效果，又要适于表演的制作工艺。这需要一定的经验，也需要监制和服装工艺师共同商定。

七、样衣

按照设计效果图加工制作成品衣服，通常会先制作试样，尤其是造价成本比较高的服装，在正式的、昂贵的材料裁剪之前，最好先做出试样，由演员试穿，调整好版型和尺寸之后，再开始制作正式的戏服，以免材料的浪费和工期的延误，给拍摄带来阻碍。

成品衣服在最终完成之前，一定要经过演员的试穿。

绘制准确的服装款式结构图

八、市售成品服装采买

并非所有的电影服装设计必须是专门设计和制作的，很多服装也由服装设计师从各个渠道寻找而来，有的是直接购买市场上的成衣，也可以从二手服装店采购，也有从演员的衣柜进行挑选，可以从民间收购旧衣，还有些拍摄农村题材的影片，服装师会直接用新衣服从当地农村老乡那里以新换旧。总之为了影视拍摄的要求，服装师可以通过多种手段、多种渠道获得适合剧情、适合人物的服装。

还有一点要注意，如果采购市售成品服装，除非是品牌赞助，或者剧情有特别要求，服装设计师要在充分考虑剧情和人物的前提下，对成品服装进行修改、染色和做旧所有剧中所用现代服装，设计师面临很大的考验是将它们混搭起来，这样做的目的是“让品牌消失”。因为如果在影片中出现很明显的品牌服装，容易造成观众在观影过程中“跳戏”，他们会将注意力从剧情和人物上偏移。这是服装师在选择市售成品服装时应该注意避免的。

在第三个阶段，就是服装设计制作的后期，这是临近拍摄的时间了，各项工作要紧凑而细致。此时的工作全部是为了拍摄做准备。要经过演员的试装、调整、定装、备份、做效果等工作。

第三节 后期——定装

一、试装

主要演员的每一套服装都必须经过试穿，主要试版型是否合适、尺寸是否合适。如果有特殊动作戏，要让演员穿上服装做一做戏里的动作，看是否能够适应动作需要。服装师要在试装现场仔细观察，不能让任何一处问题逃过去。在试装过程中，服装师要与演员多做沟通，了解演员在穿上戏服后的感受。如果有不合适的地方，服装师要做仔细记录，每一个细节都不要放过。

二、调整

经过试装，一般都会发现一些不合适或者有问题的地方，最后要对这些出现的问题进行修正。做最后的调整，服装设计师要与工艺师商讨调整方案，以便顺利完成调整。

三、定装

在调整完成后，最终效果的戏服就已经完成了。在完成后，通常剧组会安排拍摄定妆照。剧组不同，工作习惯也不一样，有的剧组会拍非常正式的定装照，要求带装拍摄，化装和梳妆同时

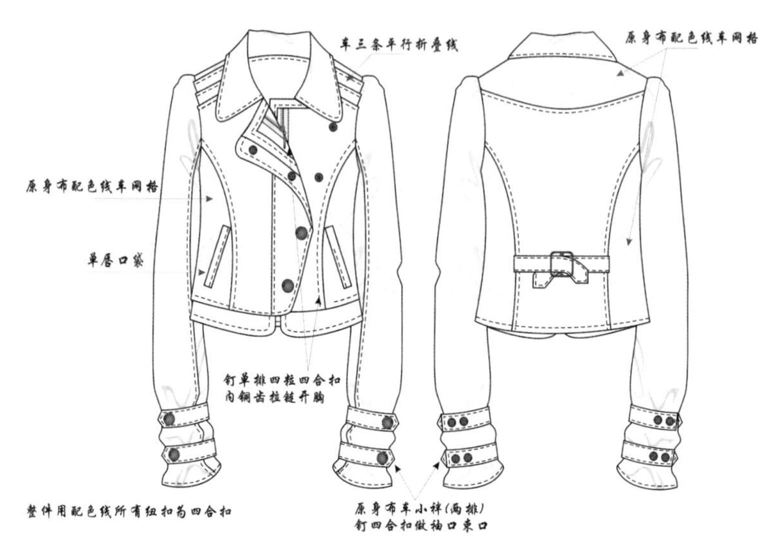

必要时做文字说明

进行定装。也有的剧组只拍摄工作用的定装照，作为拍摄过程中现场服装的工作参照。服装设计师需根据剧组的要求，进行定装照拍摄的辅助工作。仔细打理每一处细节。定装照完成后，服装设计师的工作即告完成。

四、备份

服装师还有一项重要的工作，就是对服装进行备份。根据戏份的不同，拍摄过程中很多时候需要为一套服装提供好几套服装作为备份。比较常见的需要备份的服装有三大类：一类是特殊戏份的服装备份，一类是替身演员的服装备份，一类叫做备损服装。

1. 替身服装备份

在拍摄中，很多情况下演员需要替身，比如拍摄现场灯光师调整灯光时候的替身称为光替，武打戏中武打替身称为武替，还有特技替身等，这些替身都要有和演员一模一样的服装，这时要统计哪些戏需要替身，需要几个替身，提前做出替身的备份服装。如《指环王 1》在做服装准备时，由于拍摄过程的艰辛、拍摄环境的复杂，主角的戏服必须做 10 套，替身的戏服也要做 10 套，其中矮人族儿童替身的戏服也要做10套，特技替身的戏服也要做10套，所以同一件戏服，要做40套。如果考虑不足，会非常影响拍摄。

2. 特殊戏份的备份

在一些特殊戏份中，戏服要进行备份，以保证拍摄的顺利进行。比如有落水戏，有可能做不到一遍拍摄成功，要拍几次才能成功，那么落水后衣服湿了，不能等它干了再拍，这时就要多准备几套衣服，以备换用。再比如铠甲戏，有时在打斗过程中，铠甲破开了，或者散落了，现场没有时间等待修复铠甲，所以要做出备份，以防耽误拍摄。

《第一夫人》中总统遇刺那场戏，团队总共做了肯尼迪夫人穿着的五套同样的衣服，以拍摄肯尼迪被刺杀当下最正确的溅血位置。

3. 备损服装

备损服装，是指一些特意安排在戏中被撕毁、被泼洒脏污等戏份的戏服，考虑到不可能拍一次就过，需准备很多件相同的衣服，供演员表演时用。这也是保障拍摄顺利进行的必备服装。

《第一夫人》中肯尼迪夫人的这套戏服，共做了五套备份，以保证得到最正确的溅血位置

五、做旧

在拍摄之前，还有重要的工作就是对戏服进行做旧处理。进行做旧时要注意以下几点：

1. 明确做旧程度

首先需要明确需做旧服装、无须做旧服装，以及做旧程度，这取决于创作者的具体人物服装设计。一般而言，权高位重的富贵官宦或者现代戏中时髦青年等人物服装大多无须做旧，或者为了画面色调统一稍加做旧。普通百姓服装多需不同程度的做旧。服装做旧程度，则以具体影片人物的服装设计需要为原则，可以轻微做旧，也可对某些服装进行反复做旧或者特殊做旧，如乞丐装。片中出现群众画面时，如果有多个乞丐人物，也需明确做旧的程度差别，否则便会呆板、缺少变化，缺乏真实感。

其次，服装做旧程度应有所夸张，影视创作者皆知，肉眼所及的已达到画面要求的服装做旧程度，真正在画面上所呈现的效果往往是不够或者是不到位的，因此做旧要适当地加强。另外，由于创作时间限制和成本限制，一般影片中主要角色的服装做旧力求精益求精、细腻真实，而其他群演角色的服装则强调其视觉大效果即可。

做旧时要照顾整体效果，不能概念化、生硬处理，比如挺新的衣服上打着补丁，补丁也是规规矩矩崭新的，衣服的衣兜领子还都平平挺挺的，这些显然是虚假生硬、违背真实的。

2. 确定数量

明确需要做旧的戏服数量，按照主次依次进行，以保障主要角色的效果。数量不大的主要角色可以逐一进行细致做旧，数量大的群众演员服装，可以通过服装厂利用设备进行批量处理，比如进行批量砂洗、石洗，达到大效果就可以了。

3. 选择技法

技法的选择要根据剧情设计以及人物的处境安排，用哪些技法进行处理是根据效果的需要。通常来说，一件戏服的做旧，会使用多重技法，反复进行，才能达到逼真的效果，但也要根据具体情况选择，一定避免太统一，太千篇一律。做旧效果显示着人物的境遇和生存环境，一定要将做旧效果做得真实而充满个性。根据效果需要，选择洗软、蒸煮、打磨、撕裂、烟熏、火烧、褪色、上色、补丁等技法。

4. 选择位置

在选择做旧位置的时候，要考虑到人体的活动规律，要符合人体，符合生活。比如不能随便在身上什么地方就做磨破，一定是在人体活动中，根据人物的身份职业，对应的常做动作，会产生特定部位的磨损，如前襟、手肘部、肩部、膝盖和大腿前部磨损等。要分析人物的生活劳动动作特点，有依据的去做旧。旧衣服的褪色，通常肩颈和后肩部是太阳照射引起的褪色，后背大面积汗渍引起的褪色，衣边、袖口边由摩擦引起的褪色等。这些细节，服装师要认真观察和分析。在确定位置时，可以将服装穿在人台上，对特定部位进行做旧，以防位置不准确而显得做旧效果假。

此外服装师还要不断积累经验，拍摄现场经常会遇到一些临时发生的情况，服装师要能够根据经验快速处理。

思考题

1. 你是否已经了解影视服装的创作流程？
2. 试着依照剧本，进行第一节“前期一设计”内容的训练。
3. 练习测量人体数据，掌握正确的测量方法，学会记录数据。
4. 仔细观察生活中不同职业人群服装穿久后出现的生活痕迹，经常留心观察，长期进行积累。

第七章 设计图的表现方法

影视服装设计师要将设计构思以形象化的方式呈现出来主要通过两种方式，一是服装设计效果图，一是服装款式结构图。

服装设计效果图，是服装设计师用以表现设计理念、设计构思和设计形象效果的重要表现手段。其主要用来表现服装的造型、色彩、面料质感，以及气氛的整体效果。

服装款式结构图是表现服装结构的平面图，要在加工制作中起指导作用的，主要表现衣片的分割、各部件关系，以及做工细节等工艺要求。

两种图的功能和作用不一样，所以对表现方法有着不同的要求。

第一节 造型设计效果图绘制要点

服装效果图用于表达服装艺术构思和工艺构思的效果与要求。服装效果图强调设计的创意，注重服装的着装具体形态及细节描写，便于在制作中准确把握，以保证成衣在艺术和工艺上都能完美地体现设计意图。

影视服装设计有着独特的专业特点，因此在效果图的绘制上，影视服装造型设计效果图与时装设计效果图和时装画的绘制要求不尽相同。时装画是从艺术的角度，强调绘画的意趣，追求艺术感，不追求对服装款式的表达是否清晰，更偏重与艺术气氛和单纯的画面审美价值。时装设计效果图追求时尚性，不强调模特的个性，甚至有意要抹除模特的个性，可以忽略描绘模特的五官，可以用同一个模特姿态，表现一个系列的服装。通常用夸张的头身比例、夸大的形体动态，强调时装的美感，有时会把时装设计中的款式特色进行夸大强调，主要任务是突出时尚性和创意性。影视服装的设计，每一个细节都是为了表现剧作中的人物，因此，在绘制造型效果图时，要特别注意把握以下几个绘制要点。

一、确定表现风格

绘制电影人物服装造型图，首先要确定的是表现风格。由于造型效果图在前期要提交给导演、美术和摄影师讨论，尤其在确定影片总体美术风格和视觉风格后，检查服装设计的气氛是否能够与设定的风格相吻合，是否能够融入影片的视觉风格中是非常重要的。效果图的画面效果要保持整体风格与影片的气韵、格调、气氛相一致。比如凝重、磅礴的史诗气氛的影片，服装造型效果图也要有同样肃穆的气氛；而欢乐轻松的影片气氛，服装效果图也不要有暗沉、阴郁等与影片风格不相符的气氛。

服装效果图要能够与人物的性格、气质协调统一。如设计师柯琳·阿特伍德（Colleen Atwood），为影片《爱丽丝梦游仙境》设计的服装梦幻精致，与导演蒂姆·波顿营造的阴郁的哥特风格十分贴近，其设计手稿也将这种奇异夸张的风格表现了出来。

设计师 柯琳·阿特伍德绘制的《爱丽丝梦游仙境》造型设计图

选择与影片主体风格相适应的表现风格
北京电影学院王虹，设计绘制

二、人物与场景的关系

人物服装造型效果图通常不需要表现场景，但在设计时要考虑人物与场景的关系。

要标注是为哪个场景、哪场戏所设计的造型。要与美术场景设计保持良好沟通，要在设计时先了解场景气氛和环境设计，最好能够将服装造型效果图结合在场景图中，以分析、确定服装效果是否能够与场景气氛相配。要与总美术和导演沟通，每场戏对服装效果的要求，人物与场景是融合、对比、协调、凸显这四种关系中的哪一种。在效果图中最好能够将这样的关系表现出来，如《狼图腾》的人物造型图。

《狼图腾》带场景气氛的人物造型图

《荒野猎人》带环境气氛的造型设计图

三、人物性格的表现

影视人物服装造型图，与时装设计效果图不同，要通过画面表现人物的典型性格，设计师要选择适当的绘画风格，以表现人物着装后的整体气质，要通过整体气质表现出人物的个性。比如人物是坚定勇敢的，还是阴暗狡诈的；是开朗活泼的，还是阴郁颓废的；是柔美温婉的，还是泼辣干练的……整体效果表现人物个性，同时能反映出服装的设计是否符合人物的总体气质。

如设计师米兰拉·坎农诺为《布达佩斯大饭店》中古斯塔沃的服装造型设计绘制的效果图，表现出了人物优雅机智的气质。设计师柯琳·阿特伍德为《神奇动物在哪里》所做的造型设计，其效果图表现了每一个角色的性格气质。她为《佩小姐的奇幻城堡》（*Miss Peregrine's Hone For Peculiar Children*，2016）设计的人物造型时，在效果图中同样非常清晰而准确地对每一个角色的独特性格和气质进行了表现。

人物服装的色彩基调要紧密配合影片的风格和总基调，要充分融入总基调之中，不能孤立地脱离影片的主体风格进行设计。

《布达佩斯大饭店》服装造型设计图　米兰拉·坎农诺设计绘制

《神奇动物在哪里》服装造型设计图

《佩小姐的奇幻城堡》服装造型设计图

四、人物的典型动态

在效果图绘制时还要注意，在选取人物动态时，有两个要点：一个是人物的动态要选择与人物性格相关的典型动态，这有利于表现人物总体气质，也有利于观察服装设计是否符合人物个性特征；第二个要点是要选择适合表现服装款式特点的动态，如果动态将服装款式的主要结构遮挡住了，或者将能够表现人物身份、地位、性格、气质特点的一些细节遮挡住了，这将不利于表现人物个性，也会为后续的服装制作带来困扰。因此，要避免使用手臂在胸前环抱、过度扭转身体、过于侧身或者背身、过于弯低身体等动态，要尽量选择能够展现服装款式结构和细节的动态。

动态的选择要有利于表现服装及人物　杨智文设计绘制

王虹设计绘制

五、局部细节与随身道具

效果图上，要表现出能够体现人物身份、地位、气质、个性，以及剧作中有描写的随身道具。这也是表现人物总体气质和特征的构成元素，因此要加以表现。

如果服装在细节上有需要特殊表现的，可以将局部细节单独描画细节图，细节的展示不仅有利于表现人物，也能够为后续制作提供参考。有时候服装和饰物的细节，也是在影片拍摄时特写镜头要求表现的，这种情况更要加以细致地绘制表现。

造型设计图中的细节表现与随身道具的表现　刘沛设计绘制

造型设计图中的细节表现与随身道具的表现　刘沛设计绘制

六、质感的表现

服装的质感与镜头画面和人物有着非常重要的关系，因此在效果图上要认真表现质感。质感的表现有利于塑造人物，也有利于影片主创人员进行创作讨论和创作分析。并且，在后续制作时，为实物制作选择服装材料起到指导作用。因此在质感的表现上不能含糊，比如丝绸、棉麻、皮革、金属等这些材料的种类要能清晰表现出来，如果无法清晰表现出来，则要做材料标注，使看图人能够理解效果图所表现的材质。

设计图要明确表现出服装和服饰质感

王虹设计绘制

刘沛设计绘制

七、服装搭配关系

影视服装与时装设计不同之处还在于，时装设计很多情况是单件或者单款设计，而影视服装是人物完整的着装状态，很多情况下是需要服装搭配的，因此，在进行效果图绘制时，要特别注意服装的搭配关系。服装搭配包括上装和下装的搭配、内层和外层的搭配、主款和配饰的搭配、内外多层的搭配、服装与鞋帽等配件的搭配，要在效果图上准确而清晰地表现出来，不能混为一团。这也是为后续的制作或者成衣采买提供指导和参考。

设计图要清晰表现服装搭配关系
王虹设计绘制

设计图清晰明确表现出服装服饰的搭配关系
杨智文设计绘制

第二节 设计稿的表现方法

服装效果图的内容极为丰富，使其表现形式相应地多样化，表现技法亦丰富多彩。在一幅服装效果图中，可采用单一地表现技法，亦可采用多种技法综合表现，以达到完美地表现服装效果图的独特内涵。设计师应该根据影片的风格基调，选择适合的表现风格和表现技法。

一、风格类型

1. 写实风格

影视服装设计效果图多采用比较写实的风格进行表现，用比较写实的方法绘制，强调人物形象的逼真性。其特点是整体设计效果非常直观，对人物、服装样式、搭配、材料，以及细节都有清晰的表现。通常采用7头身接近正常人体的比例，身体姿态以直立、半侧或人物在剧中的最典型的姿态，以及比较清楚看出服装效果的角度进行描画。这种写实还包括对服装气氛包括新旧程度或者破损脏污程度的表现。写实风格是最适用于影视服装设计效果的展示。

电影《绣春刀》写实风格的造型设计图
刘沛设计绘制

2. 时装效果图风格

画面效果接近于时装设计效果图，采用比较夸张的人体比例，以 9 头身至 12 头身比例表现人体。人体动态比较夸张，甚至可以是不合理、不符合自然动作规律的动态，对人物五官也不细致描画，甚至于略去五官而不刻画。其目的是表现夸张的艺术风格。这类效果图通常不用于历史题材或者正剧，可以用于表现时尚气息浓郁的题材影片的服装设计。这类风格对服装款式和细节的描画不细腻，多用于表现时尚风格类型的服装。

《金陵十三钗》时装画风格的服装设计造型图

《第五元素》时装画风格的设计图　让·保罗·戈尔捷设计绘制（上图）
乔治·阿玛尼为《最佳情敌》男主角　克里夫·欧文设计绘制（下图）

3. 插画风格

简洁明快，主体突出，注重画面的形式感，注重审美性与趣味性，设计图本身表达出优美的形式，可以作为艺术画作单独欣赏。

1939 年沃尔特·普伦基特为电影《乱世佳人》设计服装的手稿

《了不起的盖茨比》的服装造型设计图
凯瑟琳·马丁设计绘制

《泰坦尼克号》服装造型设计图
黛博拉·林恩·斯科特设计绘制

《娱乐至上》中的热带风花色连衣裙　1953年电影《绅士都爱金发美女》中的礼服裙　1955年《七年之痒》中的象牙百褶皱露肩礼服，图样上标注字样"玛丽莲·梦露，地铁中白裙被风吹起"

威廉·特拉维拉为梦露设计绘制的服装造型设计图

插画风格造型设计图　谭天晓设计绘制

4. 游戏风格

此类效果图从画面风格和人物表现上，接近于游戏的人物设定原画，有适当的夸张，细节表现比较细腻，材质表现也比较充分，人物动态较为夸张，有时人物动作有较大的透视关系，画面风格比较强烈。可以用于幻想类影片中的服装造型设计表现。

学生作业　陈震设计绘制

5. 草图风格

此种表现方法有迅速记录已经表现设计构思的特点。画面不要求工整、完备，更强调主要的气质风格已经主要的款式特征，线条多自由灵活，设色也是简单明了，对人物和服装样式做记录式的勾

伊迪斯·海德为《捉贼记》设计的戏服手稿

《简·爱》的草图法服装设计图

勒。这种风格看似随意，实则更要求设计师有把控能力。它要求设计灵活但不松懈，自由但不失严谨。

6. 个性化风格

此类效果图比较强调设计师的个人风格，不但注重人物的写实，更注重于风格化的表达。在人体比例上，通常会有夸张，但不像时装效果图那样夸张地拉长头身比例，而是在形态上进行夸张。细节表现上可以细致，也可以粗略，更注重的是风格化的表达。画面的风格与设计内容，以及影片风格有很好的呼应，从设计图可以感受到影片的艺术风格设定。

个性化风格造型图　张洪毅设计绘制

《雨果》服装造型设计图

个性化风格造型图　杨智文设计绘制

二、表现技法

影视服装设计效果图的表现技法丰富多样，大致归纳为如下几种：

1. 塑造法

对人物进行塑造，精细描画，细腻写实。对人物的刻画：用色彩塑造人物的形象，包括面容、肤质、毛发；对服装的刻画包括衣物样式、材质、新旧气氛、配饰配件；对画面气氛进行刻画，包括光线、空间、气氛等。总之，画面效果非常写实，人物和细节清晰。

塑造法可以用手绘的方法，也可以用电脑软件绘制，强调真实感。手绘可以采用水彩、水粉、丙烯进行绘画。

随着电子技术的发展，影视服装造型效果图用数字绘图在行业内已经非常普及。数字绘画有其优势，比如可以跳出传统绘画工具的局限，自由度高，可以表现出非常丰富的效果，具备快速描画、易于修改、易于展示等优势，是手绘不能比拟的。

学生作业《白鹿原》手绘人物造型设计图　王虹设计绘制

塑造法表现的人物服装造型设计　王虹设计绘制

2. 淡彩法

以勾线为主，在服装效果图的主要部位，简略地敷以色彩。这种敷色方法，由于采用水彩画着色法，故多用水彩色或水粉色。勾线的工具，可以选择钢笔、铅笔、炭笔、毛笔、马克笔等。此方法较为简洁，易于掌握。画面效果清新明快。

《年轻的维多利亚》淡彩效果设计图

3. 平涂法

是常用的服装效果图技法之一，简便易学。它采用每块颜色均匀平涂的方法，颜料多采用具有一定覆盖力的水粉颜料或马克笔。平涂法有两种：一是勾线平涂，二是无线平涂（亦称为没骨平涂）。勾线平涂是平涂与线结合的一种方法，即在色块的外围，用线进行勾勒、组织形象，这是勾线平涂最常用的方法。勾线的工具可以多种多样，勾线的色彩亦可根据需要随之变化。无线平涂是利用色块之间的关系（明度关系、色相关系、纯度关系）产生一种整体的形象感，并不依靠线条组织形象。勾线平涂易获得装饰性效果，可根据需要适当留飞白，产生一种光感。色块之上，还可以叠加如点、线等的装饰，增强装饰性。

《星球大战》平涂效果服装造型设计图

4. 勾线法

是指用细线条勾画人物及服装，以展示人物着装的状态。这种方法有简洁、快速表达设计构思的优势，可以比较准确表现款式结构等内容。可以简单涂些调子，也可以完全不涂调子。在线的运用上，可以用速写式线描法、均匀勾线法、规则勾线法、不规则勾线法、装饰勾线法等。所用的画具如钢笔、铅笔、绘图笔等，也可以在电脑上用绘图软件进行勾线。

速写式线描法：与绘画速写的方法基本相同，效果生动、轻松，善于表现结构和造型，所用的画具如钢笔、铅笔、绘图笔等都适用。

均匀勾线法：特点是整个效果图勾勒线条粗细一致，不追求变化，感觉清晰、明快，款式整体与局部结构明确，能够充分表现设计的细部。

规则勾线法：是勾勒的线条粗细有规则，例如在效果图中，勾勒人物与服装外轮廓可用粗匀线；人物五官与服装内结构则可用细匀线，当然也可用其他有规则的两种线或三种线同时结合进行勾勒。但勾线的种类不宜太多，以防画面出现杂乱感，规则勾线与均匀线相比较，富于变化。

不规则勾线法：此方法比较自由，不受各种规则的限制，在勾线的过程中可任意发挥，每根线条可能都有所变化。表现得当，效果感觉变化、丰富、自由，但如果勾勒表现不当，便会出现粗糙与杂乱感。

装饰勾线法：其目的是为了强调服装款式的特性和增加画面效果。描绘时应重视组织线条的疏密，而形成最终表现效果。画面的结构应尽量遵循程式化、规律化等装饰原则，线描通常较严谨、工整，在一般的勾线基础上加以装饰性元素的加工。有时为了增加画面的节奏感可用一些断续抖动的线条；也可使用不同数量和粗细的线条形状来丰富和加强画面的装饰感。同时服饰物也应采用一些规律化的形式进行描绘，达到勾线风格统一化。

《星球大战》勾线法服装造型设计图

勾线法绘制的人物造型设计图　谭天晓设计绘制

第三节 款式结构图的绘制要点

服装款式结构图又称服装平面结构图，简称款式图，是用平面的方法描绘服装的款式和结构。它是服装设计于服装制版、剪裁及缝纫等生产工艺流程中重要的一环。通过平面结构图，能够清晰而准确地向制版师、样衣师及缝制工人传达服装设计师的设计意图。在设计实践和生产实践中，服装平面结构图是最为快速、准确、有效的沟通工具。因此，服装款式图要求绘画严谨、规范、清晰，这样才能用来指导生产。

服装款式绘画注意的几个问题：

1. 比例，在服装款式图的绘制中我们首先应注意服装外形及服装细节的比例关系，在绘制服装款式图之前，作者应该对所画的服装的所有比例有一个详尽的了解，因为各种不同的服装有其各自不同的比例关系。在绘制服装的比例时，我们应注意“从整体到局部”，绘制好服装的外形及主要部位之间的比例。如服装的肩宽与衣身长度之比，裤子的腰宽和裤长之间的比例，领口和肩宽之间的比例，腰头宽度与腰头长度之间的比例等。把握好这些比例之后，再注意局部和局部，局部与整体之间的比例关系（必要时可以借助尺规）。

2. 对称如果沿人的眉心、人中、肚脐画一条垂线，以这条垂线为中心，人体的左右两部分是对称的，因人体的因素，所以服装的主体结构必然呈现出对称的结构，“对称”不仅是服装的特点和规律，而且很多服装因对称面产生美感。因此在款式图的绘制过程中，我们一定要注意服装的对称规律。即使款式形式上有可能是不对称的，但在不对称的款式机构中，必然有人体的中心线。初学者在手绘款式图时可以使用“对折法”来绘制服装款式图，先画好服装的一半（左或右），然后再沿中线对折，描画另一半。这种方法可以轻易地画出左右对称的服装款式图。当然在用电脑软件来绘制服装款式图的过程中，我们只要画出服装的一半，然后再对这一半进行复制，把方向旋转一下就可以完成，比手绘要方便得多。

3. 在服装款式图的绘制过程中，一般是由线条绘制而成。因此，我们在绘制的过程中要注意线条的准确和清晰，不可以模棱两可，如果画得不准确或画错线条，一定要用橡皮擦干净，绝对不可以保留，因为这样会造成服装制图和打样人员的误解。另外在绘制服装款式图的过程中，我们不但要注意线条的规范，而且还要注意表现出线条的美感。款式图线条表现要清晰、圆润、流畅，虚实线条要分明，因为款式图中的虚实线条代表不同的工艺要求。例如，款式图中的虚线一般是表示缝迹线，有时也是装饰明线，实线一般表示裁片分割线或外形轮廓线。在制版和缝制时，虚线和实线有着完全不同的意义，要把轮廓线和结构线 / 明线等线条区别开。

一般，我们可以利用四种线条来绘制服装款式图，即：粗线，中粗线、细线和虚线。粗线主要用来表现服装的外轮廓，中粗线主要用来表现服装的大的内部结构，细线主要是用来刻画服装的细节部分和一些结构较复杂的部分，而虚线又可以分为很多种类，它的作用主要用以表示服装的辑明线部位。

绘制服装款式结构图应注意线条的使用

4. 要有一定的文字说明和面辅料小样。在服装款式图绘制完成后，为了方便打板师傅和打样师傅更准确地完成服装的打版与制作，我们还应标出必要的文字说明，其内容包括：服装的设计思想、成衣的具体尺寸（如衣长，袖长，袖口宽，肩斜，前领深，后领深等）、工艺制作的要求（如明线的位置和宽度，服装印花的位置和特殊工艺要求，扣位等），以及面料的搭配和款式图在绘制中无法表达的细节，还要对特殊工艺的制作、型号的标注、装饰明线的距离及线号的选用等做以说明。另外在服装款式图上一般要附上面料、辅料小样（包括扣子、花边及特殊的装饰材料等）。这样可以使服装生产参与者更直观地了解设计师的设计意图，并且，更为服装生产过程中采购辅料提供了重要的参考依据。

5. 细节，服装款式图要求绘图者必须要把服装交代得一清二楚，所以我们在绘制款式图的过程中一定要注意把握服装的细节刻画，如果因画面大小的因素，我们可以用局部放大的方法来展示服装的细节，也可以用文字说明的方法为服装款式图添加标注或说明，来把细节交代清楚。在这一方面服装设计师一定不能怕麻烦。

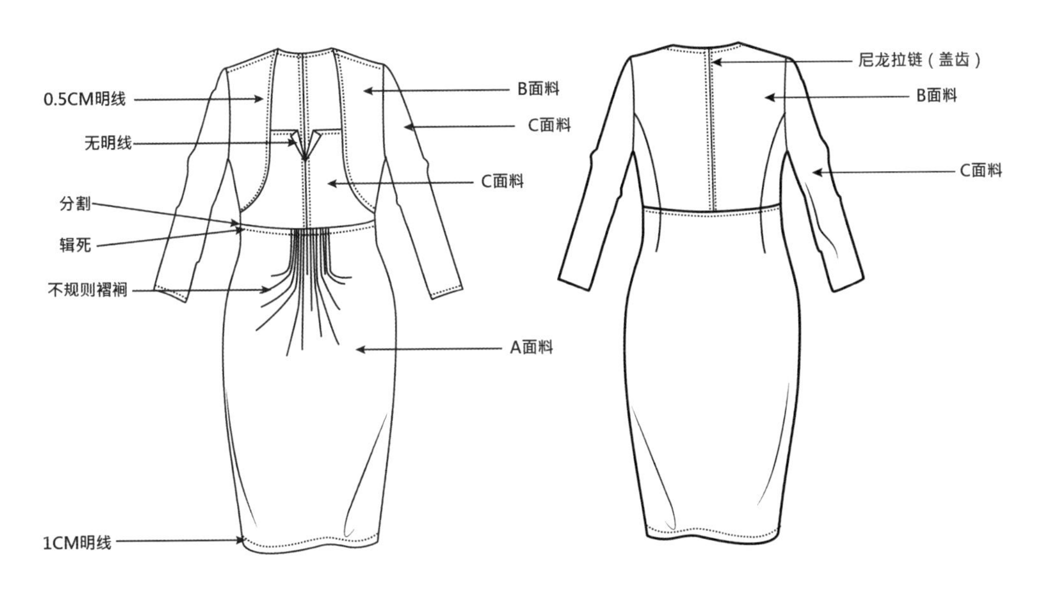

款式结构图的细节标注

影视服装造型设计效果图和款式结构图，是影视服装设计师必须要掌握的基本功，而且要多加训练，才能熟练掌握，才能更好地呈现设计师的设计思路，展现设计效果。因此设计师要多加练习，能够熟练应用各种技法，能够根据设计任务，很好地完成效果呈现。

思考题

1. 影视人物服装造型设计图有什么样的专业特点？在绘制时有哪些要注意的要点？

2. 课后寻找素材，用不同的技法练习几种风格的效果图。

3. 绘制服装款式结构图有什么要求？课下注意观察自己常穿的衣物，将它们的款式结构图画出来，要注意款式结构和工艺准确，要注意细节表现清晰。

参考文献

一、著作类

1. 周登富：《电影美术概论》，山东美术出版社 1996 年版。

2. 吕志昌：《影视美术设计》（修订版），中国传媒大学出版社 2009 年版。

3. 周登富：《场景人物道具》，山东美术出版社 2009 年版。

4. 张丹青、吴黎中：《电影镜头画面》，山东美术出版社 2008 年版。

5. 周登富、敖日力格：《电影色彩》，中国电影出版社 2015 年版。

6. 郑亚玲、胡滨：《外国电影史》，中国广播电视出版社 1995 年版。

7.[美] Deborah Nadoolman Landis：《顶级电影服装设计大师访谈》，王喆译，人民邮电出版社 2013 年版。

8.[美] Susan B. Kaiser：《服装社会心理学》，李宏伟译，中国纺织出版社 2000 年版。

9. 黄元庆：《服装色彩学》，中国纺织出版社 2004 年版。

10.[德] 爱娃·海勒：《色彩的性格》，吴彤译，中央编译出版社 2008 年版。

11.[美] 大卫·波德维尔、克里斯丁·汤普森：《电影艺术——形式与风格》，陈旭光译，北京联合出版公司 2015 年版。

12. 宫林：《中国电影美术论》，中国电影出版社 2010 年版。

13. 林黎胜主编：《影像本体论：作为创作的电影（1）》，中国电影出版社 2004 年版。

14. 郝建：《类型电影教程》，复旦大学出版社 2011 年版。

15. 刘瑞璞、陈静洁：《中华民族服饰结构图考（汉族编）》，中国纺织出版社 2013 年版。

16. 李当岐编著：《西洋服装史》，高等教育出版社 1995 年版。

17. 李当岐：《服装学概论》，高等教育出版社 1998 年版。

18. 沈从文：《中国古代服饰研究》，商务印书馆 2011 年版。

19. 谭慧：《电影中的服饰风尚》，外文出版社 2008 年版。

20. 朱松文：《服装材料学》（第三版），中国纺织出版社 1994 年版。

21. 吕逸华主编：《现代服装材料学》，中国纺织出版社 1994 年版。

22. 周璐英主编：《现代服装材料学》，中国纺织出版社 2000 年版。

23. 李应强：《中国服装色彩史论》，台北南天书局 1993 年版。

二、论文类

1. 李继红：《色彩在影视剧中的作用》，《当代电视》2001 年第 12 期。

2. 陈庆菊：《传统图形在影视服饰作品中的视觉表达》，《装饰》2009 年第 3 期。

3. 徐南：《服装在影视中的作用》，《戏文》2007 年第 3 期。

4. 张舒倩：《浅谈电影中的服装艺术》，《电影评介》2007 年第 8 期。

5. 康建春：《浅谈服饰的非语言性传达》，《内蒙古艺术》2004 年第 2 期。

6. 毕虹：《谈影视剧人物造型的典型性——以影视作品〈武则天〉为例》，《赤子（上中旬）》2016 年第 17 期。

7. 谢滋：《心灵的折射——论电影服装设计所传达的人物性格和电影精神》，《当代电影》2011 年第 11 期。

8. 李晴、药思达：《浅析科幻电影中的服饰设计》，《美术大观》2008 年第 6 期。

9. 孟森辉、陆寿钧：《电影剧作中的人物关系》，《电影新作》1984 年第 4 期。

10. 王冰姿、陈莹：《中国传统服装的通服性及其现代性的研究》，《服饰导刊》2014 年第 4 期。

11. 吴江：《浅谈影视“气氛装”的一些尝试——选用“绿色”材料的化装技术》，《现代电影技术》2012 年第 4 期。

12. 李冰洁：《奇幻人物造型设计要素浅析》《大舞台》2010 年第 9 期。

三、参考片目

序号	片名	选用章节
1	《1933年淘金女郎》	4.1.6
2	《阿甘正传》	4.1.4
3	《阿拉伯的劳伦斯》	3.2.1
4	《埃及艳后》	3.2.3
5	《埃及艳后的任务》	5.1.1
6	《艾玛》	4.3.5 5.1.1
7	《爱乐之城》	3.2.2
8	《爱丽丝梦游仙境》	3.2.4
9	《安娜·卡列尼娜》	
10	《傲慢与偏见》	
11	《奥兰多》	5.1.4
12	《八部半》	
13	《八恶人》	
14	《巴黎圣母院》	5.2.4
15	《巴里·林登》	4.1.2
16	《疤面煞星》	
17	《白日美人》	2.1.5 5.2.4
18	《白雪公主与猎人》	
19	《白雪公主之魔镜、魔镜》	3.1.4
20	《薄伽丘70》	
21	《悲惨世界》	4.2.5
22	《北京遇上西雅图》	2.1.5
23	《本杰明·巴顿奇事》	1.2.2
24	《本能》	4.1.6
25	《蝙蝠侠 黑暗骑士》	4.2.4
26	《宾虚》	1.3.4 4.1.3 5.1.1 5.2.4
27	《波斯王子：时之刃》	

续表

序号	片名	选用章节
28	《搏击俱乐部》	1.3.1 5.4
29	《不脱袜的人》	1.2.2
30	《布达佩斯大饭店》	4.2.5
31	《裁缝》	5.2.4
32	《查理和巧克力工厂》	3.1.4
33	《沉睡魔咒》	
34	《城市之光》	1.3.3
35	《赤壁》	3.2.1
36	《穿普拉达的女王》	2.1.5 5.3.2
37	《刺客聂隐娘》	
38	《大红灯笼高高挂》	4.1.4
39	《大话西游之月光宝盒》	3.2.2
40	《大明劫》	5.1.1
41	《戴珍珠耳环的少女》	4.1.2 5.2.4
42	《丹麦女孩》	1.3.4
43	《低俗小说》	4.1.5 4.2.4
44	《第五元素》	2.1.5 3.2.4
45	《第一夫人》	3.2.1
46	《蒂凡尼的早餐》	2.1.5
47	《断头谷》	1.3.2
48	《敦煌》	2.1.4 5.1.3
49	《鹅毛笔》	
50	《发条橙》	5.4
51	《飞行家》	5.2.5
52	《非常嫌疑犯》	4.1.4
53	《费城故事》	
54	《疯狂的麦克斯4：狂暴之路》	1.3.2 3.2.4

续表

序号	片名	选用章节
55	《弗里达》	2.1.2 5.5.3
56	《芙蓉镇》	1.3.1
57	《钢琴课》	1.3.1
58	《鸽之翼》	4.1.4
59	《歌剧魅影》	
60	《歌舞青春》	
61	《公爵夫人》	
62	《公民凯恩》	1.2.1
63	《归来》	1.2.3
64	《国王的演讲》	
65	《哈利·波特》系列	
66	《海上花》	5.1.1
67	《汉娜》2011	2.1.5
68	《黑店狂想曲》	
69	《黑客帝国》	3.2.4 5.3.2
70	《黑天鹅》	4.1.4
71	《红》	4.1.3
72	《红高粱》	2.1.2 5.2.2
73	《红磨坊》	5.2.5
74	《红色沙漠》	5.2
75	《后窗》	
76	《花魁》	4.1.2
77	《花样年华》	1.2.2 2.1.5
78	《荒野猎人》	2.1.4 5.6.1 7.1.1
79	《灰姑娘》	2.1.4
80	《彗星美人》	2.1.4
81	《魂断蓝桥》	5.5.3
82	《活着》	1.2.2
83	《饥饿游戏》	3.2.4

续表

序号	片名	选用章节
84	《加勒比海盗》	1.3.1 4.1.4
85	《间谍同盟》	5.1.1
86	《剪刀手爱德华》	3.2.4 5.3.2
87	《简·爱》	5.1.4
88	《角斗士》	4.1.4 5.2.5
89	《教父》	2.1.3
90	《劫后英雄传》	4.2.4 5.2.5
91	《尽善尽美》	
92	《荆轲刺秦王》	3.2.1 5.5.1
93	《惊情四百年》	2.1.1
94	《聚焦》	5.3.2
95	《绝代艳后》	2.1.1
96	《绝美之城》	
97	《卡罗尔》	
98	《看得见风景的房间》	5.2.3
99	《蓝色茉莉》	2.1.5
100	《蓝丝绒》	4.1.4
101	《蓝天使》	1.3.3
102	《狼图腾》	7.1.1
103	《老炮儿》	2.1.3
104	《老无所依》	4.1.5
105	《了不起的盖茨比》	2.1.5 4.1.3
106	《理发师陶德》	4.1.2
107	《理智与情感》	5.1.1
108	《立春》	2.1.1
109	《两杆大烟枪》	4.2.4
110	《另一个波琳家的女孩》	3.2.1
111	《路易十四的情人》	5.1.1

续表

序号	片名	选用章节
112	《乱》	2.1.2 5.2.2
113	《乱世佳人》	4.1.4 7.2.1
114	《罗马假日》	2.1.5
115	《罗密欧与朱丽叶》	5.1.2
116	《绿野仙踪》	3.2.4
117	《玛戈皇后》	1.3.4
118	《满城尽带黄金甲》	1.3.3
119	《梅兰芳》	5.6.1
120	《美国人》	1.3.3
121	《美国舞男》	
122	《蒙古王》	5.1.1
123	《秘密特工》	
124	《面纱》	
125	《妙想天开 》	
126	《摩洛哥王妃》	5.3.2
127	《魔法黑森林》	
128	《末代皇帝》	3.2.1
129	《末路狂花》	2.1.2 4.2.6
130	《莫扎特传》	
131	《墨攻》	5.6.1
132	《纳尼亚传奇》	3.2.4
133	《尼古拉斯·尼克贝》	5.1.1
134	《尼罗河上的惨案》	
135	《潘神的迷宫》	3.2.4
136	《骗中骗》	
137	《七年之痒》	1.3.3
138	《奇异博士》	
139	《骑士蒂朗》	5.1.1
140	《千年血后》	
141	《秦颂》	

续表

序号	片名	选用章节
142	《青蛇》	2.1.4 3.2.2
143	《倾国之恋》	
144	《清洁》	1.2.2
145	《秋菊打官司》	1.3.3 3.2.1
146	《群尸玩过界》	5.6.2
147	《入侵脑细胞》	2.1.1 3.2.4
148	《阮玲玉》	2.1.5
149	《萨布丽娜》	
150	《三枪拍案惊奇》	3.2.2
151	《色·戒》	2.1.5 5.3.3
152	《杀生》	3.2.2 5.2.5
153	《杀死比尔》	5.6.2
154	《沙漠妖姬》	
155	《莎翁情史》	4.43.1
156	《神奇动物在哪里》	5.2.5
157	《神医》	
158	《生命之树》	5.3.4
159	《圣女贞德》	6.1.4
160	《十面埋伏》	4.1.6 5.3.4
161	《时尚先锋香奈儿》	2.1.5
162	《世纪对神榜》（诸神之战）	5.1.1
163	《似是故人来》	1.3.2
164	《寿喜烧西部片》	3.2.2
165	《赎罪》	
166	《宋家皇朝》	5.1.1
167	《太太万岁》	4.1.3
168	《太阳帝国》	5.2.3
169	《泰坦尼克号》	5.1.1
170	《淘金者》	1.3.3

续表

序号	片名	选用章节
171	《天鹅绒金矿》	5.2.1 5.2.5
172	《天国王朝》	5.2.4
173	《天使爱美丽》	3.2.2
174	《甜姐儿》	
175	《甜美的生活》	
176	《挑情尤物》	
177	《铁面无私》	
178	《偷龙转凤》	
179	《偷天大盗》	
180	《偷天换日》	
181	《投名状》	3.2.1
182	《透纳先生》	5.2.3
183	《王子复仇记》	4.1.1
184	《往日情怀》	
185	《旺角卡门》	1.2.2
186	《我是爱》	2.1.1
187	《我这一辈子》	1.2.2
188	《卧虎藏龙》	2.1.4
189	《无耻混蛋》	
190	《无极》	
191	《午夜巴塞罗那》	4.1.5 5.4
192	《午夜牛郎》	5.6.1
193	《席德与南茜》	5.3.2
194	《现代启示录》	2.1.2
195	《香草的天空》	5.2.4
196	《香奈儿秘密情史》	
197	《香水》	
198	《肖申克的救赎》	5.4
199	《辛德勒的名单》	5.2.4
200	《新龙门客栈》	1.2.2
201	《星球大战》	3.2.4
202	《绣春刀》	3.2.3

续表

序号	片名	选用章节
203	《血战钢锯岭》	5.6.2
204	《亚当斯一家》	
205	《阳光小美女》	2.1.1
206	《野草莓》	5.2.1
207	《夜访吸血鬼》	4.2.5
208	《夜宴》	2.1.1 4.1.1
209	《一代宗师》	1.3.2 4.2.4 5.3.3
210	《伊丽莎白》	
211	《伊丽莎白2：黄金时代》	1.3.2 5.3.2
212	《伊丽莎白一世》	5.2.5
213	《艺伎回忆录》	
214	《艺术家》	
215	《意》	2.1.5
216	《银翼杀手》	3.2.4
217	《隐藏人物》	
218	《英国病人》	
219	《英雄》	1.2.2 3.2.2
220	《勇敢的心》	4.4.1
221	《游园惊梦》	
222	《雨果》	7.2.1
223	《欲海惊魂》	
224	《远大前程》	
225	《月光宝盒》	3.2.2
226	《这个杀手不太冷》	4.2.6
227	《指环王》《霍比特人》	1.3.1 2.1.4 3.2.4 4.1.5 5.6.1
228	《终结者》	1.3.3

续表

序号	片名	选用章节
229	《终站》	
230	《竹取物语》	2.1.2
231	《坠入》	1.2.1
232	《最后的莫西干人》	4.2.4
233	《龙纹身的女孩》	5.2.5

图书在版编目（CIP）数据

影视服装设计 / 王展著. —北京：中国电影出版社，2017. 11（2024. 11重印）
ISBN 978-7-106-04822-8

Ⅰ. ①影… Ⅱ. ①王… Ⅲ. ①影视艺术—服装设计 Ⅳ. ①TS941. 735

中国版本图书馆CIP数据核字（2017）第279312号

责任编辑：任苡达
封面设计：王红卫　朴香善
责任校对：孙　健
责任印制：赵匡京

出版发行　中国电影出版社（北京北三环东路22号）　邮编：100013
电话：64296664（总编室）　64216278（发行部）
64296742（读者服务部）　E-mail：cfpbjb@126. com
印　刷　河北赛文印刷有限公司
版　次　2018年5月第1版　2024年11月第5次印刷
开　本　787mm × 1092mm　1/16
印　张　19.75
字　数　371千字
定　价　98.00元